家居配色设计

从入门 到 精通

理想·宅 编

中国电力出版社

CHINA ELECTRIC POWER PRESS

内 容 提 要

　　色彩是家居装饰设计的组成部分，恰当的色彩设计能够充分地表现出居住者的特点。但色彩设计是一项对设计者综合素质要求比较高的能力，它并不是简单的罗列或叠加，而是具有针对性的组合。色彩设计虽然很复杂却并非无从下手，首先需要掌握基础知识，而后从实际的角度出发进行学习可以更迅速地掌握基本技巧。我们将家居配色设计的实用性理论和设计技巧进行了总结，将其分成了 5 大章节，以家居配色设计的基础知识为基点，而后分别从配色印象、色彩调和、不同居住者和不同风格等方面详细地进行分析。

图书在版编目（CIP）数据

　　家居配色设计：从入门到精通 / 理想·宅编 . 一
北京：中国电力出版社，2018.6
　　ISBN 978-7-5198-1925-5

　　Ⅰ.①家…　Ⅱ.①理…　Ⅲ.①住宅 – 室内装饰设计 –
配色　Ⅳ.① TU241

　　中国版本图书馆 CIP 数据核字（2018）第 068513 号

出版发行：中国电力出版社
地　　　址：北京市东城区北京站西街 19 号（邮政编码 100005）
网　　　址：http://www.cepp.sgcc.com.cn
责任编辑：曹　巍（010 – 63412609）
责任校对：朱丽芳
责任印制：杨晓东

印　　刷：北京盛通印刷股份有限公司
版　　次：2018 年 6 月第一版
印　　次：2018 年 6 月第一次印刷
开　　本：710 毫米 ×1000 毫米　1/16
印　　张：11
字　　数：262 千字
定　　价：68.00 元

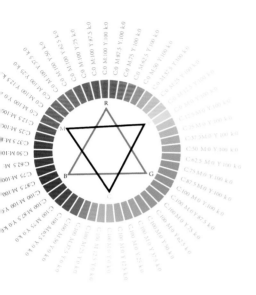

目 录
CONTENTS

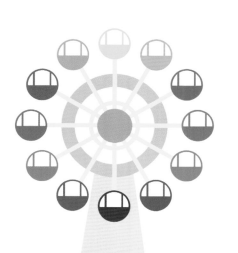

第一章
家居配色的基本常识

  色彩设计是家居整体设计的一个重要组成部分，舒适的色彩搭配能够让人们对整体装饰留下深刻的印象。想要做好家居的色彩设计，首先应对色彩的基本常识有大致了解，例如什么是色彩的三元素、不同色彩的情感意义、色彩的角色对配色的影响、不同形式的色相或色调组合对氛围的影响等。掌握了这些基础知识，才能更好地运用色彩来美化家居。

1. 了解色相、明度、纯度这三种色彩要素的特征。

2. 了解色系的种类以及它们的特点。

3. 了解不同色相的情感意义，并会利用它们配色。

4. 掌握家居色彩的四种角色以及其对配色效果的影响。

5. 了解何为色相型色彩组合和色调型色彩组合。

色彩的三要素

一、色相

色相即为各类色彩所呈现出来的相貌，是色彩的首要特征，是区别各种不同色彩的最准确的标准。任何黑、白、灰以外的颜色都有色相这一属性。

①原色、间色、复色

色相是由原色、间色和复色构成的。原色是指红、黄、蓝三种颜色，将其两两混合后得到橙、紫、绿，即为三间色，继续混合后得到的就是复色。

②色相的归纳

色彩学家将色相按照原色呈三角形分布后，将间色（二次色）放在原色中间，而后再将复色（三次色）按照混合顺序插入，按照规律归纳后，排列组合，就形成了色相环。它是色相的最直观体现，井然有序的色相环让使用的人能清楚地看出色彩平衡、调和后的结果。

根据色相数量的不同，总的来说常用的色相环有 10 色相环、12 色相环、24 色相环、36 色相环和 72 色相环等。

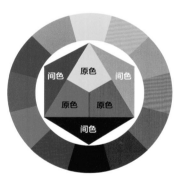

色相秩序的归纳

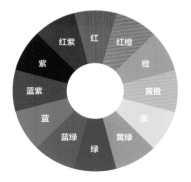

12 色相环

二、明度

明度指色彩的明暗程度，各种有色物体由于它们反射光量的不同而产生颜色的明暗强弱，就是我们看到的明度区别。例如，黄色在明度上变化能够得到深黄、中黄、淡黄、柠檬黄等不同黄色，红色在明度上变化能够得到紫红、深红、橘红、玫瑰红、大红、朱红等不同红色。

①明度的调节

同一色相添加白色越多明度越高，添加黑色越多明度越低；每一种纯色都有其对应的明度，不同色相的明度也是不同的，黄色明度最高，蓝紫色明度最低，红、绿色为中间明度。

②物体的明度与光线

当物体照射的光线强度不同时也会有明度上的变化，强光下物体要显得更明亮一些，反之则灰暗一些。

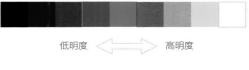

三、纯度

纯度也叫作色彩的彩度或饱和度，指的是色彩的纯净程度，它表示的是颜色中所含有色成分的比例。含有色成分的比例越多，则色彩的纯度越高；含有色成分的比例越小，则色彩的纯度也就越低。

①纯度的调节

当在一种纯色中加入黑色或白色时，其明度会发生变化，而与明度不同的是，纯色中不论是加入黑色、白色还是其他色彩，其纯度都会降低。纯度最高的色彩是原色，间色次之，复色最低。

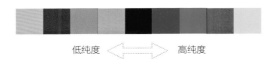

②物体的纯度与光滑性

有色物体的纯度与物体表面的光滑程度有关。如果物体表面粗糙，其漫反射作用将使色彩的纯度降低；如果物体表面光滑，那么，全反射作用将使色彩比较鲜艳。

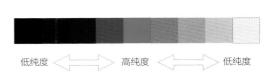

色彩形成的色系

一、有彩色系

有彩色是指具备光谱上某种或某些色相的色彩，统称为彩调。有彩色的表现很复杂，但可以用色彩的三要素来确定，具备这三个属性的色彩均属于有彩色。三要素即为色相，就是彩调；明度，即为明暗；三是纯度，也就是饱和度、彩度。简单一点来说，所有色相环上存在的色彩均为有彩色。根据不同的有彩色给人感觉的不同，可以将它们分为冷色、暖色和中性色。

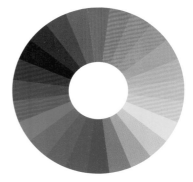

有彩色系

①冷色

能够给人清凉感觉的颜色，称为冷色。蓝绿、蓝、蓝紫等都是冷色，冷色给人坚实、强硬的感受。

在家居空间中，不建议将大面积的暗沉冷色放在顶面或墙面上，容易使人感觉压抑，可以以点缀的方式来使用。

②暖色

可以给人温暖感觉的颜色，称为暖色。红紫、红、红橙、橙、黄橙、黄、黄绿等都是暖色，暖色给人柔和、柔软的感受。

家居空间中若大面积地使用高纯度的暖色容易影响人的情绪，使人感觉刺激、激动，可小面积点缀或降低其明度或纯度。

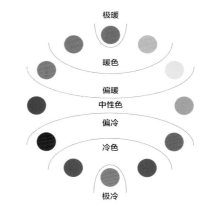

冷暖色的分类

③中性色

在冷色和暖色之间，还有一种既不让人感觉温暖也不让人感觉冷的色彩，就是中性色。中性色包括紫色和绿色，绿色在家居空间中作为主色时，能够塑造出惬意、舒适的自然感，紫色高雅且具有女性特点。

有色彩系

二、无彩色系

无彩色系也可称为无色系，指的是除了彩色以外的其他颜色，通常包括黑、白、灰、金、银等色彩，它们与有彩色系最大的区别是无色相属性，且除了白色外，其余色彩只有明暗的变化，而没有纯度的变化，明度从 0 变化到 100，而彩度很小，接近于 0。

①光谱不可见但心理学上为彩色

从物理学角度看，黑白灰不包括在可见光谱中，故不能称之为色彩。但在心理学上它们有着完整的色彩性质，在色彩系中具有非常重要的作用，同时在绘画的颜料中也是调节明度和纯度不可缺少的色彩。因此，黑、白、灰色不但在心理上，而且在生理上、化学上都可称为色彩。

无彩色系

低明度 ⟺ 高明度

②广义上的中性色

在进行家居色彩设计时，无色系可以说是不可缺少的色彩。它们在广义上可以定义为中性色，与绿色和紫色不同的是，这里的中性色指的是具有调和作用的、没有任何色相偏向的色彩，它们中的任何一色与有彩色当中的任何色配合都是可以起到调和、协调、过渡作用的，如当两种色相组合在一起矛盾冲突非常显著时，就可以采用无彩色来使之达到互相连接、调和的效果。

③让彩色的特性更显著

家居中不可能只使用一种色彩，那么在进行配色时，如果想要强化所使用的色彩的特点，例如加强其冷度或暖度，或想让它更引人注意，就可以将它放在无色系的背景上，例如黄色的靠垫放在白色沙发上，就更显其活泼、亮丽的感觉。

②

③

色相的情感意义

每一种色相都有其独特的情感意义，了解它们不同的情感意义，有利于更有针对性地根据居住者的性格、职业来选择适合自己的家居配色方案。

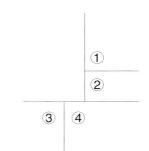

①红色

红色象征活力、健康、热情、喜庆、朝气、奔放，能够让人有一种迫近感和心跳加速的感觉，可以引发人兴奋、激动的情绪，与绿色组合对比感最强。

②黄色

黄色是一种积极的色相，使人感觉温暖、明亮，象征着快乐、希望、智慧和轻快的个性，给人灿烂辉煌的视觉效果，与紫色组合对比感最强。

↑红色为主的空间热烈、喜庆

③蓝色

蓝色给人博大、静谧的感觉，是永恒的象征，纯净的蓝色象征文静、理智、安详、洁净，能够使人的情绪迅速地镇定下来，与橙色组合对比感最强。

④橙色

橙色融合了红色和黄色的特点，比红色的刺激度有所降低，比黄色热烈，是最温暖的色相，具有明亮、轻快、欢欣、华丽、富足的感觉，与蓝色组合对比感最强。

↑家居空间中使用黄色使人感觉欢乐、轻快

↑蓝色墙面使客厅具有文静、理智的感觉

↑橙色为主的家居明快、华丽

↑家居中使用绿色，让人感觉自然、平和

↑紫色装点家居能增添神秘和浪漫的感觉

↑粉色装点家居具有甜美、纯真的氛围

↑棕色为主的家居空间具有力量感和复古感

⑤绿色

绿色是介于黄色与蓝色之间的复合色，是大自然中常见的颜色。绿色能够让人联想到森林和自然，代表着希望、安全、平静、舒适、和平、自然、生机，使人感到轻松、安宁，是一种非常平和的色相。绿色带有生命的含义，与红色组合对比感最强。

⑥紫色

紫色是蓝色和红色的复合色，蓝色多一些则偏冷一些，红色多一些则偏暖一些。在中国古代，紫色代表着高贵，是贵族和皇族才能使用的颜色。它具有高贵、神秘感，略带忧郁感，代表权威、声望，也象征着永恒，具有使人精神高涨、提高自尊心的效果。紫色还是浪漫的象征，淡雅的藕荷色、紫红色等具有女性特点，可用来表现单身女性的空间。

⑦粉色

正确地说应称之为粉红色，由白色和红色调和而成，在生活中的运用很广泛，具有可爱、温馨、娇嫩、青春、纯真、甜美等意义，是女性代表色。搭配白色更显娇美可爱，与黑色组合具有优雅感。

⑧棕色

棕色是中国传统色彩名词，色彩学上称之为褐色。它可以让人联想到泥土和自然，给人可靠、有益健康的感觉。完全使用棕色做装饰有些不鲜明，可以搭配较明亮的色彩做平衡。

⑤

⑥

⑦

⑧

色彩的四种角色及应用

一、色彩的四种角色

根据家居中所使用色彩的面积、主次位置等因素，可以将一个空间中使用的所有色彩分为背景色、主角色、配角色和点缀色，这样分类后可以让配色设计的过程条理更清晰、主次更分明。

①背景色

背景色就是充当背景的色彩，是占据空间面积最大的色彩，并不仅限定于一种颜色，通常包括墙面、地面、顶面、门窗、地毯、窗帘等，起到奠定空间基本风格和色彩印象的作用。

②主角色

主角色是指居室内大型家具的色彩，面积中等，通常占据空间的中心位置，例如沙发、床等。它是居室色彩的绝对中心，是家居色彩设计的重点，宜具有突出的主体地位，能够聚焦视线。

③配角色

用来衬托主角色的色彩就是配角色，它的重要性次于主角色，通常是充当主角色的家具旁的小家具，例如客厅中的小沙发、茶几、边几，卧室中的床头柜等。

④点缀色

点缀色指做点缀使用的色彩，是居室中最易变化的小面积色彩，通常是工艺品、靠枕、装饰画等，主要作用是丰富配色的整体层次，增加活泼感。

二、色彩四角色的应用

家居的配色设计，可以从确定背景色开始，也可以从确定主角色开始，两者之间的色彩关系决定了整个居室色彩的走向。掌握一些四角色的应用技巧，有利于获得更舒适、协调且符合期待的装饰效果。

①背景色决定基调

背景色中墙面占据人们视线的中心位置，往往最引人注目。墙面采用柔和、舒缓的色彩，搭配白色的顶面及沉稳一些的地面，最容易形成协调的背景色，易被大多数人接受；与柔和的背景色氛围相反的，墙面采用高纯度的色彩为主色，会使空间氛围显得浓烈、动感，很适合追求个性的年轻业主。需要注意顶面、地面的色彩需要舒缓一些，这样整体效果会更舒适。

②根据所求氛围选择主角色

背景色确定后，可以结合想要塑造的氛围来选择主角色。例如喜欢稳定、舒缓的气氛，可以采用与背景色相同色相不同明度的色彩或与背景色同色系的主角色；采用背景色的对比色或补色，则能够塑造出具有活力感的氛围。

但在进行色彩组合时应注意，背景色和主角色之间应有一个反差，例如墙面使用高纯度的活跃感色彩时，建议选择柔和一些的主角色，用强弱对比来使主角色更突出，使层次分明。反之亦然。

③配角色和点缀色均需控制面积

在大部分的居室中，小件家具的数量都比较多，在配色时，需要特别注意其面积的控制，不能使总体面积超过主角色，否则会引起主次关系的混乱。

点缀色也要控制面积。与配角色相反的是，点缀色的面积不宜过大，只有小面积、多数量的色彩才能起到活跃空间的点缀作用。

①
②
③

色相型色彩组合

在进行家居配色时，仅使用一种色彩的情况是基本不存在的，通常情况下都会使用不少于三种色彩进行组合。所使用的色彩之间色相与色相的组合形式，就是色相型，不同的色相型组成的效果也不同，总体可以分为闭锁和开放两种类型。从色相环上可以迅速地判定出色相之间的关系，进而确定所用色相的色相型。

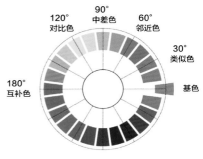

24 色相环

一、闭锁型色相型

闭锁型色相型包括同相型和近似型两种类型，这两种色相型的效果均比较内敛、平和，其中近似型要比同相型更具开放感一些。

①同相型

相同色相不同明度或纯度的色彩进行组合，形成的即为同相型配色，如深红和浅红、深蓝和灰蓝等，是最具闭锁性的一种色相型。

②近似型

以 12 色相环为例，将一种色相定位为基色，在相同冷暖的情况下，与其成 90°角以内的色相均为类似色，组成的配色组合即为近似型。近似型色相型的开放程度比同相型有所增加，但仍具有闭锁性，具有内敛的效果。

同相型

近似型

二、开放型色相型

开放型色相型包括对决型和准对决型、三角型和四角型以及全相型等几种色相型，它们的活泼感和开放性都强于闭锁型，依照开放的强度从低到高依次为准对决型、对决型、三角型、四角型和全相型，所使用的色相数量越多，开放感越强烈。

①对决型

在冷暖相反的情况下，互为互补色的色相组合即为对决型色相型。比起前两种色相型更为开放、活泼，色相差大，对比度高，效果具有强烈的视觉冲击力，能够给人留下深刻的印象。用对决型配色能够营造出健康、活跃、华丽的氛围，接近纯色的冲突型配色最为刺激、激烈，降低纯度或明度可平稳、缓和一些。

②准对决型

在冷暖相反的情况下，互为对比色的色相组合即为准对决型。色相差仍然很大，但比对决型的范围要小一些，所以开放性比对决型要略低一些。氛围与对决型相类似，但更内敛一点。

③三角型

采用色相环上位于正三角形位置上的三种色相搭配的方式即为三角型色相型。最具代表性的是三原色即红、黄、蓝的搭配，具有强烈的动感，三间色的组合效果更为温和一些。三角型配色如同三角形的图形一样，是最具平衡感的配色方式，具有舒畅、锐利又亲切的效果。

④四角型

将两组类比型色彩或者互补型配色相搭配的配色方式即为四角型色相型组合。它是在一组类比色或互补色的基础上再加上一组同类配色，是冲击力最强的配色类型。比三角型配色更开放、活跃一些，醒目、安定同时又具有紧凑感。

⑤全相型

无冷暖偏颇地使用全部色相进行配色即为全相型色相型组合，是所有配色方式中最为开放、华丽的一种。使用的色彩越多就越自由、喜庆，具有节日的气氛，通常使用的色彩数量有五种就会被认为是全相型。

对决型

准对决型

三角型

四角型

全相型

三、色相型的应用

① 追求稳重感用闭锁型

追求稳重、平和的氛围，可以采用闭锁类的色相型，但此类搭配容易让人感觉单调，不建议大面积的使用，很容易让人感觉乏味。可以在小范围内使用，例如主角色和配角色采用此类配色，背景色和点缀色采用柔和一些的色彩，让整体平和中带有层次感。

② 四角型最具吸引力

将两组对比色或互补色组合，能够形成极具吸引力的效果。在强烈撞击之中，暖色的扩展感与冷色的后退感都表现得更加明显，冲突也更激烈，此时需要注意避免搭配得过于混乱，可以降低其中一种颜色的纯度或明度。

③ 全相型降低明度后活泼感会降低

全相型的组合方式特别活泼，很适合用在儿童房、婚房等需要活泼氛围的空间中，或者还可以在节日里将点缀色换成全相型来烘托喜庆感。当在客厅中使用高纯度的全相型配色觉得过于喧闹时，可以选择低明度的色彩，既可避免过于刺激的感觉，同时还具有低调的活泼感。

④ 小空间中全相型宜小面积使用

在面积较小的家居空间中，不建议大面积地使用全相型，容易让空间看起来更拥挤。可以由主角色、配角色及点缀色小面积地组成全相型，而背景色不加入进来。需注意的是，若室内采光不佳，主角色不宜太鲜艳。

色调型色彩组合

一、常用色调

色调是指色彩的倾向，是由明度和纯度的交叉构成的。明亮的色彩为明色调，暗沉的色彩为暗色调，明亮的暗色为明浊色调，暗沉的灰色系为暗浊色调，鲜艳的纯色为锐色调，接近纯色的色彩为强色调等。

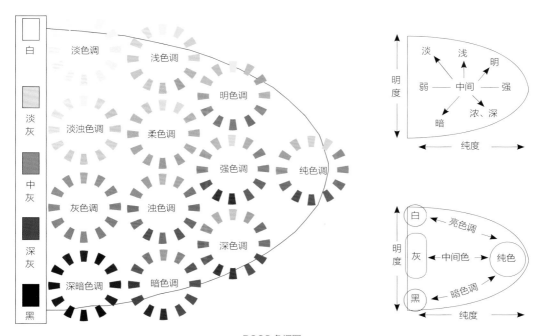

PCCS 色调图

①纯色调

没有加入任何黑、白、灰进行调和的最纯粹的色调。纯色调最鲜艳，由于没有混杂其他颜色，所以给人感觉最活泼、健康、积极，具有强烈的视觉吸引力，比较刺激。

②明色调

纯色调中加入少量的白色形成的色调为明色调。明色调鲜艳度比纯色调有所降低，但完全不含有黑色和灰色，所以显得更通透、纯净，给人以明朗、舒畅的感觉。

③淡色调

纯色调中加入大量白色形成的色调为淡色调。淡色调中纯色的鲜艳感被大幅度地减低，活力、健康的感觉变弱，同样没有加入黑色和灰色，显得甜美、柔和而轻灵。

④浓色调

纯色中加入少量的黑色形成的色调为浓色调。健康的纯色调加入黑色，表现出力量感和豪华感，与活泼、艳丽的纯色调相比，更显厚重、沉稳、内敛，并带有一点素净感。

⑤浊色调

纯色调中加入不同浓度的灰色形成的色调为浊色调。浊色调可分为淡浊、浊色调，此类色调因为加入了灰色，所以具有高档感和都市感。

⑥深、暗色调

纯色加入大量的黑色形成的色调为深色调或暗色调。深、暗色调是所有色调中最为威严、厚重的色调，融合了纯色调的健康感和黑色的内敛感，能够塑造出严肃、庄严的空间氛围。

二、色调型

在一个家居空间中，若所有色相均采用同一色调，也会让人感觉很单调乏味。因此在进行空间配色时，可以将多种色调进行配合，搭配色相的组合使整体配色层次更丰富。与色相型相同的是，色调型也可分为闭锁型和开放型两种类型。

①闭锁型色调型

由三种以内色调构成的色彩组合，可以定义为闭锁型，能够营造出比较稳定、舒缓的氛围。若采用少于三种的色调就比多于三种的色调更具内敛性。

②开放型色调型

三种以上色调构成的色彩组合，可以定义为开放型色调型组合，具有比较开放、活泼的感觉。通常来说，建议主角色为一种色调，配角色为一个色调，点缀色则采用艳丽一些的色调，这样形成的效果就比较丰富、舒适。

① —

② —

第二章
家居空间的配色印象

　　配色印象简单地说就是设计者在作品完成后所要传达给人们去感知的情感，例如想要塑造的是活泼的、清新的或是复古的家居氛围，也就是家居整体配色给人的第一感觉，它主要是由色调决定的。设计者做出的配色设计如果不能够传达出想表达的感觉，即使使用的色彩再漂亮，也都是不成功的。当人们看到完成的作品后所感受到的意义与设计者想要传达的情感能够有共鸣才是成功的配色。

自然有氧型

自然有氧型的色彩印象设计灵感源自于自然界中的各种事物，包括泥土、树木、花、草等，常用的有大地色系、绿色、黄色、红色、粉色等。此类色彩印象通常是以绿色做主色，其中与大地色组合是最经典的自然色彩组合方式，不论何种色调都能塑造出具有自然感的家居氛围。

一、色彩组合方式

①绿色 + 红色

以淡浊或浊调的绿色做主色，搭配红色系做配角色或点缀色，犹如绿叶与花瓣，能够渲染出浓郁的具有勃勃生机的自然韵味。这种源于自然的配色非常舒适，并不会让人感觉刺激。

②绿色 + 粉色

同样以淡浊或浊调的绿色做主色，将红绿组合中的红色换成粉色，设计灵感仍然来源于花朵的配色，比之红绿组合来说更柔和，具有梦幻感。

①
②

③绿色 + 黄色 / 米黄色

绿色具有自然感，黄色具有欢快的感觉，将两者组合产生带有愉悦感的自然氛围。若将黄色换成米黄色，则在自然感的基础上又可具有一些温馨感，需注意的是，黄色系的色彩色调不宜过深、过暗，否则易具有厚重感。

④绿色 + 白色 / 米色

如果空间面积不大的时候，可以将绿色和白色组合起来使用，白色可做背景色，绿色做主角色，即可塑造出具有清新感的有氧印象。如果觉得白色与绿色的对比过于明快、强烈，可以将白色换成米色，或在白绿组合中加入米色，来增加一些柔和感。

⑤绿色 + 大地色 + 白色 / 米色

树木与泥土是自然界中不可缺少的两种事物，将这两种事物的颜色搭配在一起，不论是高明度还是低明度，都会具有浓郁的自然氛围。在配色时，通常是将绿色做主色使用，用作墙面背景色或主角色，大地色用在地面背景色、主角色或配角色。

在绿色和大地色的组合中同时加入白色，能够增添一些清新、明快的感觉，尤其是在大地色的面积较大时，可以用白色与其色调做对比，减弱它的厚重感；若将白色换成米色，对比度会稍弱一些，能够让人感觉更柔和。

③

④

⑤

二、常用配色技巧

塑造自然有氧型的家居环境，总体原则是以绿色为主色，搭配一些与其组合具有自然韵味的色彩，即可给人以置身于大自然般舒适的感觉。整体原则是色彩对比不宜过于强烈，绿色的色调不宜过于深暗，除此之外，还有一些可以强化自然韵味的小技巧。

①大地色系宜用自然材质呈现

大地色源于土地、树皮等颜色，在使用此类色彩时，如果能用自然类的材料将其显现出来，就会强化自然韵味，例如木料、藤、竹等材料。如果不喜欢这类的家具，可以选择铺设此类色彩的木地板。

②不宜用过暗或过淡的绿色

当将绿色作为背景色大面积使用来表现自然有氧的色彩印象时，应避免使用过于淡雅或暗沉的色调，淡雅的绿色比起自然韵味来说更倾向于清新感，而暗沉的绿色则让人感觉过于压抑而失去自然韵味。

③用自然图案强化配色印象

觉得单独使用色彩来呈现自然有氧的色彩印象没有充足的把握时，可以选择一些带有明显自然风图案的材质，结合经典的配色装饰居室，更容易塑造出自然有氧的氛围，例如各类花朵、草、格子图案的壁纸、布艺等。

④绿色需注意色调

表现自然有氧型的配色印象，绿色是最常使用的一种色彩，但在使用绿色时建议注意选择色调，并不是所有绿色都适合大面积使用。例如深暗色调的绿色，仅适合做点缀，因为如深绿色、暗绿色这类的色彩大量使用容易让空间失去配色印象中轻松、自然的韵味，容易让人感觉过于阴郁。

实例解析

绿色 + 红色

米黄色

绿色 + 大地色 + 米色

绿色 + 红色 + 米色

绿色

大地色

淡米色　　　　绿色 + 红色　　　　淡米色　　　大地色系　　　绿色　　　白色　　　大地色系

清爽透气型

清爽型色彩印象具体地可解释为具有清新、爽快感觉的氛围，明度越是接近白色的蓝色，越能体现出清爽的感觉。整体配色以高明度蓝色为主，低对比度，是此类色彩印象的最显著特点。清新感的塑造也同样离不开白色，白色是塑造透气感的重要元素。

一、色彩组合方式

①高明度蓝色 + 白色

明度接近白色的高明度蓝色，能够传达出清凉与爽快的清新感，例如淡蓝色、浅蓝色等，明亮色若搭配得当，同样也具有清爽感。用高明度蓝色与白色组合能够增添洁净感，并强化清新氛围，非常适合小户型或者炎热地带的居室，能够彰显清新、宽敞的感觉。

②高明度蓝色 + 白色 + 绿色

以高明度蓝色和白色为主，白色的面积宜比蓝色大一些，而后少量地点缀一些绿色，可以使清爽透气型的色彩印象整体层次感更丰富一些。当用蓝色与绿色位置距离比较近时，可以将它们的明度差拉大，使整体配色的张力更强。

③高明度蓝色 / 淡色调绿色 + 浅灰色

用高明度蓝色、淡浊色调或单色调的绿色其中一种或两种组合浅灰色，同样能够塑造出清爽透气的配色印象，同时融合了温顺、细腻的感觉。

①

②

③

二、常用配色技巧

清爽透气型的配色印象主要依靠于明度较高的蓝色搭配白色来塑造，当蓝色大面积使用时，色调不能过于暗沉，同时必须有白色存在，否则没有清爽且透气的感觉。除此之外，还有一些其他的小技巧，能够轻松地进行此类色彩印象的组合设计。

①纯粹的蓝白组合蓝色可深一些

表现清爽感的蓝色通常是高明度的类型，但当仅使用白色和蓝色组合来表现清爽透气的色彩印象，没有任何其他色彩加入进来，且蓝色是作为主角色时，还可以采用纯度略高或明度略低的色调，并不会失去清爽的韵味。除此之外，还可以用白色组合不同色调的蓝色，来塑造出清凉且不乏层次感的效果。

②宜避免高纯度暖色的出现

清爽透气型的配色印象，总体感觉应是柔和且清新的，所以在进行色彩设计时，应避免高纯度暖色的出现，即使是一件纯色调暖色小饰品，也会破坏清爽的感觉。如果想要在清新的整体氛围中增添一些活泼感，宜以蓝色作为背景色或同时兼做主角色，而在选择配色时，尽量选择与蓝色色调靠近的色彩，如柔和的淡粉灰色、淡紫灰色、淡黄灰色，这样才不会破坏清爽感。

实例解析

高明度蓝色

高明度蓝色 + 白色 + 绿色

绿色

白色

绿色 + 白色

低明度蓝色　　　高明度蓝色　　　米白色　　　低明度蓝色　　　米白色

白色

淡湖蓝色

湖蓝色

海蓝色

米灰色

白色

墨蓝色

白色

暗蓝色

墨蓝色

青春活力型

青春活力型的色彩印象主要依靠的是高纯度的暖色相，包括纯正的红色、橙色、黄色等，它们是表现活泼感不可缺少的色彩。除此之外，色彩的数量越多活力感越强。

	①
	②
③	④

一、色彩组合方式

①高明度暖色 + 白色

白色是明度最高的色彩，用它来搭配任意一种高纯度的暖色，可以通过明度差来强化暖色的活泼感。组合时，若暖色的周围都是白色，活泼感更强烈。

②暖色系组合 + 白色

将两种或更多的高明度暖色组合与白色搭配，具有热烈而活泼的感觉，暖色若均使用高纯度容易让人感觉喧闹、刺激，建议纯度上拉开差距。

③对比色 / 互补色组合

对比色或互补色组合表现活力感仍需以高纯度的暖色为主，搭配与其成对比或互补的色相，就可以塑造出青春活力型配色印象。

④对比色 / 互补色 + 白色

在对比色 / 互补色的组合中加入大量的白色，可以进一步强化对比色或互补色的冲突感。

⑤暖色为主的三色组合

　　以高纯度的暖色相为主，做3种色相的组合，能够塑造出青春活力型的配色印象，所有三色相的组合中，三角型配色的活力感最强。若想要强化这种活泼感，与为主的暖色成对比色或互补色的色彩纯度越高活泼感越强。

⑥暖色为主的四色组合

　　比三色组合活泼感更强的是四色组合，这种配色方式在生活中是比较常见的。同样的，如果想要让其具有青春活力，应以高纯度的暖色为主或面积需占据优势，通常这种配色会使用两种暖色，需注意的是，如果一种暖色的面积较大，另一种则需要小一些，否则容易让人感觉烦躁。

⑦五色以上的组合

　　同时使用5种或5种以上的配色方式，等同于全相型配色组合，但彰显青春活力宜将高纯度暖色放在中心位置，或在面积上占据优势。想要强化活力感有两种做法，一种是在中心配色临近处摆放与其成对比色或互补色的高纯度点缀色，一种是在色彩组合附近使用多一些的白色。

⑤

⑥

⑦

二、常用配色技巧

营造青春活力型的配色印象，将暖色作为色彩设计主体是主要的设计原则，同时色调的控制也是至关重要的一个因素。

①高纯度暖色宜占据显著位置

表现青春活力型的色彩印象，高纯度的暖色相宜占据显著的位置，如背景色、主角色等位置。若做多色组合且均做点缀色使用时，则高纯度暖色应最为突出，否则活泼感会大大减弱。

②色调也是塑造活泼感的关键

在以暖色为主的同时，还需注意所采用色彩的色调也是塑造活泼感的关键。同样的黄、蓝组合，有1～2种纯色活泼感就强；若将色调变成淡色调或淡浊色调，则就会使人感觉柔和、清新。想要活泼一定要至少采用5种纯色调进行组合。

③小面积暖色可用花纹强化动感

使用单独的暖色表现活力感时面积不能太大，那么可以选择带有圆环、曲线、色块拼接等动感的图案的暖色材料，例如布艺沙发、窗帘、地毯等，来强化活力感。

实例解析

高明度蓝色

高明度蓝色 + 白色 + 绿色

对比色组合

高纯度粉色

白色

低明度蓝色

浓蓝色　　高纯度橙色　　白色　　高纯度红色　　紫色　　黄色　　浓绿色

天真浪漫型

在两组配色使用一样的色相时，通过对比我们可以发现，色调越纯粹整体效果越具有活力，而色调越明亮，越接近白色，给人的感觉就越纯真、浪漫。其中，高明度的紫色、粉色是最具有天真、浪漫感的色彩，若将类似色调的蓝色、黄色、绿色加入到组合中，就会具有童话般的氛围。

一、色彩组合方式

①高明度粉色

高明度的粉色极具甜美感，总是能够让人联想到纯真的少女。将或明亮、或柔和的粉色作为家居空间中的墙面背景色使用，可以轻松地塑造出天真浪漫型的配色印象，在此基础上，可以叠加其他色调的粉色，来强化氛围，若同时搭配白色则会显得很纯真。

②高明度紫色

高明度的淡色调或浊色调的紫色均能塑造出浪漫的氛围，同时还具有高雅感，将其作为背景色和主角色均可。需注意的是，紫色是非常个性的色彩，单独使用易显得个性过强，可以与粉色、绿色等色彩组合起来作为空间主色，浪漫感更浓郁，若搭配白色显得更纯净。

③高明度多色组合

表现天真浪漫型的配色印象，也可以使用多彩色的组合方式，但粉色是必不可少的一种色相。其他色彩如紫色、蓝色、黄色、绿色等可随意组合，但主色调应靠近，均保持在明色调上。

①
②
③

二、常用配色技巧

天真浪漫型的配色印象主要依靠高明度的紫色和粉色来表现，其中粉色可以说是表现这种氛围不可缺少的色彩。除此之外，只要掌握一些常用技巧，冷色也可以表现浪漫感。

①冷色选择适合的色调也能表现浪漫感

纯净的蓝色也可以用来表现具有浪漫感的氛围，前提是色调的掌控宜准确，高明度的蓝色才具有纯净感，可以将其作为背景色使用，同时需搭配白色和粉色。

②宜选择内敛型色调组合

表现天真浪漫的感觉，所使用的色相超过 3 种时，宜选择内敛型的色调组合，减弱活泼感，表现一种平和的氛围，来强化此种配色印象纯真的内涵。

③可少量点缀高纯度彩色

塑造天真浪漫型的配色印象，主要依靠具有明亮色调的色彩来实现，高明度的色彩给人活泼的感觉，可少量地点缀活跃氛围增添层次感，但面积不能太大、数量不能过多，否则很容易改变整体的配色印象。

④不适合男性居所

天真浪漫的配色印象更适合女孩和性格比较和善、甜美的女性，是不适合用来装扮男性居所的，所以在单身男性居所中宜尽量避免大量地使用此类色彩，如果是作为点缀色仅建议选择冷色系。

实例解析

草绿色

白色

浅橙色

浅黄绿色

明蓝色

粉色组合

淡紫色

紫色

深紫色

浅紫色

浅紫色

绿色

湖蓝色

淡米黄色

浅粉色

浅黄绿色

白色

浅粉色　　白色　　浅粉色　　淡粉色　　　　　淡绿色　　明粉色

传统厚重型

古物多具有厚重感，比如传统中式家具，它们多采用暗、浊调的暖色，如茶色、棕色、红棕色等，将此类色彩作为主色，就能够表现出传统厚重型的配色印象。

| ① |
| ② |
| ③ | ④ |

一、色彩组合方式

① 低明度暖色

以暗浊色调及暗色调的咖啡色、巧克力色、暗橙色、绛红色等做居室的主要色彩，就能塑造传统厚重型的配色印象。可搭配白色或者同色系淡色，来避免沉闷感。

② 低明度暖色 + 黑色

将低明度的暖色与黑色组合，能够强化传统厚重的感觉，并增添一些坚实感。需注意的是黑色宜尽量避免大面积在墙面使用，容易显得压抑。

③ 低明度暖色 + 对比色

暗暖色加入暗冷色形成对比配色，就可以在厚重、怀旧的基础氛围中，增添一丝可靠的感觉。

④ 低明度中性色

仍然以深色调或浊色调暖色系为配色中心，在组合中加入暗紫色、深绿色等与暖色色调接近的中性色，能够增添一些格调感。

二、常用配色技巧

传统厚重型的配色印象主要依靠以暖色系为主的配色来体现，其中暖色的色调是很重要的。除此之外，还可以适当地加入一些与暖色色调相近的冷色或中性色来调节层次，整体对比不宜过于强烈，选择比较内敛的配色组合是很重要的。

①暖色的色调很重要

塑造传统厚重型的配色印象，最重要的是以暗色调或浊色调的暖色为主，若同时使用这两种色调的暖色组合作为主要部分的色彩，厚重感更强。

②加入白色或米色减轻沉闷感

无论大空间还是小空间，如果较多地使用具有厚重感的暖色，容易显得沉闷，可以用白色或米色做背景色或加入到暖色为主的组合中，通过明度对比来增添明快感。

③鲜艳的色彩可少量点缀

纯度较高的鲜艳色彩，能够冲破深色调暖色的沉闷感，活跃空间氛围，可以适量地点缀使用，但面积不能过大、数量不宜过多，否则容易显得过于活泼，失去传统感。

实例解析

白色

浅米灰色

深棕色＋黑色

深棕色

深棕色

浅蓝灰色

低明度蓝色　　　高明度蓝色　　　米白色　　　低明度蓝色　　　米白色

浊色调绿色

米白色

深棕红色

棕红色

深红色

黑色

棕色

淡米灰色

深、浅棕色组合

深橙色

淡灰色

黑色

暗棕色

素雅朴实型

以无色系中的白色、黑色、灰色、银色等色彩为中心的配色具有朴素、雅致的印象，若以以上任意色彩组合蓝色系，则朴素中带有冷清感，若组合茶色系，则能够增加厚重、时尚的感觉，可以表现出高质量的生活氛围。

一、色彩组合方式

①无色系组合

以无色系的黑、白、灰其中的两种或三种组合作为空间中的主要配色，能够塑造出具有素雅且兼具都市感的配色印象；若同时再少量加入银色，则能够增添一些时尚感。需注意的是黑色不宜大面积使用，容易显得过于厚重。

②灰色

灰色具有睿智、高档的感觉，它是黑、白、灰中唯一具有明度变化的颜色。用灰色表现朴素感可以搭配蓝色、灰绿色，能够体现出理智、有序的素雅感；搭配茶色系，具有高档感。

③茶色系

咖啡色、茶色、卡其色、浅棕色等明度高一些的深暖色，属于比较中立的色彩，很适合用来表现素雅朴实型的配色印象。茶色系与灰色组合加入一些米色，能够塑造出朴素的感觉，同时还带有禅意；茶色系与米色或白色组合呈现素雅、大方的感觉。

①

②

③

二、常用配色技巧

总结性的来说，素雅朴实型的配色印象是一种具有稳定、内敛感的配色印象，所以茶色系的色调是很重要的，同时白色的比例不能少。还需注意的是，纯色不宜使用，而暗色和黑色使用时面积不宜过大。

①宜避免高纯度彩色的使用

进行素雅朴实型配色印象的设计时，应避免高纯度彩色的使用，由于使用的主色都比较内敛，尤其是以白色为主时，一旦加入高纯度彩色就会特别引人注意，从而改变整体朴实的感觉，如果一定要使用，则建议仅采用极少量来点缀。

②黑色和暗暖色宜控制面积

在素雅感的配色中适当地加入一些黑色和深暗色调的暖色可以很好地调节氛围，但应注意此类色彩的面积，如果大量地使用，很容易将整体配色印象转变为传统厚重型，与朴素的印象有所区别。可以将它们加入到点缀色、配角色或主角色中少量地使用，或者将其用作地面背景色。

实例解析

白色

浅棕色

浅棕色

浅茶色

黑色　　中灰色　　　　白色　　　黑色　　　淡茶色

第三章
空间色彩的调和

　　色彩是一种非常具有魔力的设计元素，不仅可以让单调的房屋变得多姿多彩，充分地彰显居住者的审美和个性，还能够对在建筑结构上有缺陷的家居空间进行调和。利用不同色相给人的感觉，通过改变它们的明度和纯度进行相应的调整，除了可以让家居空间比实际面积看起来更宽敞或更丰满外，还能够调节空间的宽度、长度和高度。

1. 了解如何利用不同色彩的特点来改善空间缺陷。

2. 掌握如何用不同的图案来调整空间视觉比例。

学习要点 3. 了解当空间中色彩的重点不突出时，应如何调整。

4. 了解当空间中色彩显得过于凌乱时，应如何调整。

5. 掌握如何善用无色系色彩，来让空间配色更稳定。

用配色改善空间的缺陷

一、调整高度的色彩

现代很多住宅楼的层高都比较低，选择铺设地砖后由于砂浆层和地砖的高度叠加，整体高度会变得更低，容易使人感到压抑，遇到这种情况时，可以用色彩的重量感来进行调整，使视觉上的比例更舒适。

① 轻色

使人感觉轻、具有上升感的色彩，可以称之为轻色。通过比较可以发现，在色相相同的条件下，明度越高的色彩上升感越强，在所有色彩中，无色系的白色是让人感觉最轻的色彩；而在冷暖色相相同纯度和明度的情况下，暖色有上升感，使人感觉较轻，冷色则与之相反。

② 重色

与轻色相对的是，有些色彩让人感觉重量很重，有下沉感，可以将其称之为重色。所有的色彩中，无色系的黑色重量感最强。而将彩色系的不同色相做比较可以发现，在相同色相的情况下，明度低的色彩比较重；相同纯度和明度的情况下，冷色系感觉重。

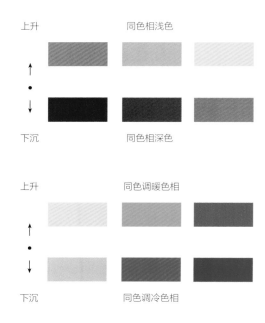

二、调整宽、窄的色彩

　　与色彩有轻有重类似的是，有的色彩有前进或后退的感觉，有的色彩有膨胀或收缩的感觉。对于一些结构存在宽度窄、长宽比例不舒适、过于狭长等缺陷的户型来说，可以利用这些色彩的不同特点予以调整。

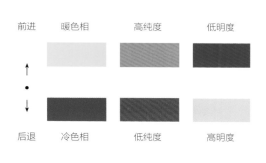

前进　　暖色相　　　高纯度　　　低明度

↑
·
↓

后退　　冷色相　　　低纯度　　　高明度

①前进色

　　将冷色和暖色放在一起对比可以发现，高纯度、低明度的暖色相有向前进的感觉，可将此类色彩称为前进色，它能让远处的墙面具有前进感。

②后退色

　　与前进色相对的，低纯度、高明度的冷色相具有后退的感觉，可称为后退色，后退色能够让近处的墙面显得比实际距离远一些。

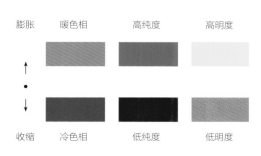

膨胀　　暖色相　　　高纯度　　　高明度

↑
·
↓

收缩　　冷色相　　　低纯度　　　低明度

③膨胀色

　　能够使物体看起来比本身要大的色彩就是膨胀色，高纯度、高明度的暖色相都属于膨胀色。在大空间中使用膨胀色，能使空间更充实一些。

④收缩色

　　收缩色指使物体体积或面积看起来比本身大小有收缩感的色彩，低纯度、低明度的冷色相属于此类色彩，很适合面积较小的房间。

三、常用配色技巧

①利用色彩轻重调整房高

　　当房高比较低矮时，可以将青色放在天花板或墙面上、重色放在地面上，使色彩的轻重从上而下，用上升和下坠的对比关系，从视觉上产生延伸的感觉，使房间的高度得以提升；反之若房高特别高，则可在顶面使用较重的色彩，而地面使用较轻的色彩来避免空旷感。

②利用色彩轻重增加动感

利用色彩的轻重还可以调节居室氛围。当顶面和墙面部分的色彩较轻、墙面或主体家具的色彩较重时，就会让人有一种下坠的视觉感受，进而带来动感。在实际运用中，很适合冷色系或厚重色为主的居室，即使不使用纯色点缀也能让整体氛围具有动感。

③后退色和收缩色可使空间看起来更宽敞

小户型空间中，可以在短距离部分的墙面上使用后退色，从视觉上使空间更宽敞，若同时搭配收缩色的家具，则显得更宽敞。例如用浅蓝色涂刷墙面，搭配深棕色的沙发，用在小客厅，就可以减弱拥挤感。

④膨胀色和前进色能够使空间看起来更丰满

还有很多户型中一些功能空间的面积特别大，让人觉得有些空旷，就可以将膨胀色或前进色用作墙面背景色或主角色，其他部分的色彩与其做明度或色相的对比，来减弱寂寥感。

⑤前进色可缩短空间长度

在一些长度比宽度大很多的空间中，例如狭长的过道中，将饱满和凝重的收缩色用在尽头的墙面上，或者在远距离的地方使用前进色的家具，都能够从视觉上缩短距离感。

实例解析

轻色

重色

中度色

重色

重色　　　　　轻色　　　　　收缩色　　　　　后退色

用图案调整空间的大小

不同的图案对空间的大小同样具有一些影响。

一、可调整空间的图案类型

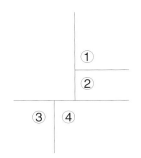

①大花纹缩小面积

大花纹的材料具有压迫感和前进感，能够使房间看起来比原有面积小，特别在此类花纹采用前进色或膨胀色时，此种特点会发挥到极致。

②小花纹扩大面积

小花纹的材料具有后退感，相比大花纹材料来说，能够使房间看起来更开阔，尤其是选择高明度、冷色系的小图案时，能最大限度地扩大空间。

③竖条纹拉伸高度

竖向条纹的图案强调垂直方向的趋势，能够从视觉上使人感觉竖向的拉伸，从而使房间的高度增加，但也会使房间显得狭小，小户型不适合多面墙使用。

④横条纹延伸宽度

横向条纹的图案强调水平方向的扩张，能够从视觉上使人感觉墙面长度增加，使房间显得开阔，很适合长度短的墙面，但不适合低矮的房间。

二、图案使用技巧

①感觉空旷的房间可以使用大图案来进行调节

当房间让人感觉特别空旷，除了用膨胀色或前进色等调节外，还可以使用一些大花纹图案的软装饰与色彩结合，最常见的是壁纸，也可用窗帘和地毯，若使用布艺沙发，沙发套甚至也可以使用大花图案。

②有条件限制时，条纹图案可减少使用量

竖条纹壁纸能够拉高高度、横条纹壁纸能够拉伸宽度，但同时也会降低墙面宽度和墙面高度，在运用时，如果房间的宽度或高度有限制，使用条纹图案调节空间比例时，可以仅选择一面墙或者大面积的布艺使用，既能调整比例又不会过于扩大另一方面的缺陷。

③使用的面积越大，图案的特点就会越显著

想要最大限度地彰显一种图案的特点时，可以加大此图案的使用面积，比如用竖条纹来调整高度，若空间面积比较宽敞就可以大面积地使用竖向条纹的壁纸，如果觉得比较单调，也可以使用条纹窗帘组合条纹布艺沙发，更具层次感。

实例解析

灰色地板略单调、寂寥　　　　　　　　大图案地毯使地面更丰满

高明度冷色系小图案让空间更宽敞　　　横向条纹图案调整宽度比例

竖向条纹调整高度

大图案地毯减弱空旷感

凸显重点的配色调整

在完成家居的色彩设计后，可能会存在整体配色重点不突出的情况，可以通过突出主角色的方式来进行调整。看到一组配色时，只有主角色的主体地位明确，才能让人感觉舒适、稳定。

一、改变主角色

①提高主角色纯度

当主角色的纯度比较低而使其不够突出时，可以改变它的纯度，增强其与其他角色的纯度差。鲜艳的色彩自然比灰暗的色彩更能聚焦视线，主体地位也就变得强势起来。

②改变主角色明度

当主角色与背景色或配角色之间的明度比较接近而让主角色不够突出时，可以改变主角色的明度，通过明暗对比来强化主角色的主体地位。需注意即使同为纯色，不同的色相明度也不相同。

①

②

二、改变其他角色

① 增强色相型

色相越临近色相型的对比感越弱，在使用的色彩较少的情况下，感觉色相型不突出，可以改变主角色、配角色或点缀色的色相，通过增强配色的色相型来使主角色主体地位更突出。

② 增加点缀色

主角色选择一些浅色或与背景色过于接近时，它的主体地位也容易不够突出。在不改变主角色的前提下，可以通过增加点缀色的方式来突出它的主体地位，增加点缀色不仅能够突出主角色，还能使整体配色更有深度。

③ 改变背景色或配角色

除了年轻人外，其他人群的家居中很少会使用比较鲜艳的主角色，更多地会使用素雅的色彩，此时如果配色时没有兼顾整体，很容易让其他角色过于强势，导致主角色的弱势。可以将突出的背景色或配角色通过改变明度或纯度的方式来稍加抑制，让主角色的中心地位凸显出来。

三、实例演示

下面将背景色、主角色、配角色和点缀色做成色块，通过这种对比的方式，可以更直观地看出调整前和调整后的变化。

① 提高纯度

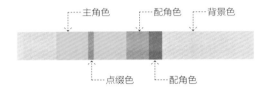
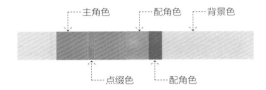

② 增大明度差

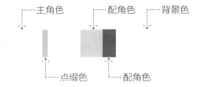
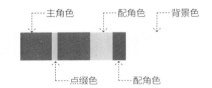

③ 增强色相型

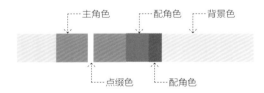
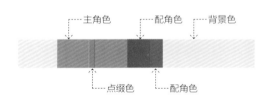

④ 增加点缀色

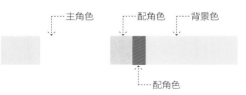
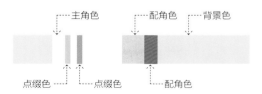

四、常用配色技巧

①无色系没有纯度属性

当家居空间的色彩以黑、白、灰等无色系作为主要色彩时，出现主角色不够突出的情况，就不能采用提高纯度的方式来调节，此时可以采用增大明度差、增加点缀色或抑制其他角色的办法来让主角色更突出。

②为主角色增加点缀色是最方便的方式

增加点缀色以凸显主角色的方法无论大空间还是小空间都可以使用，它无须大动干戈地改变主角色的色彩就可以达到目的。其中最容易实施的就是给作为主角色的物体增加几个色彩突出的靠垫，例如白色沙发搭配彩色靠枕。

③增加点缀色需注意面积的控制

虽然增加点缀色最简单，但操作时也应注意其面积的控制，如果超过一定面积，容易变为配角色，改变空间中原有配色的色相型。同时还宜结合整体氛围进行选择，如果追求淡雅、平和的效果，就需要避免增加艳丽的色彩。

加强融合力的配色调整

与突出重点色相反的是整体融合的调整方法，适用于觉得家居中色彩搭配过于混乱而想要变得平和、稳定一些的情况。同样可以通过调整色彩属性来达到目的。具体可通过靠近色彩的明度、色调以及添加类似或同类色，重复、群化、统一色价等方式来进行。

一、调整方式

①减小色相差

当家居空间中所使用的彩色之间的色相差过大时，容易让人感觉刺激、不安，可以减小它们之间的色相差，改变具有刺激感的角色中较容易改动的一方，就能使配色效果更舒适。

②缩小明度差

增加明度可以凸显重点色，反之，靠近明度差就能够收敛明度差过大造成的不安定感。当不同色彩角色之间的明度差过大而使配色凌乱时，可以通过这种方式进行调整。

③使色调靠近

配色印象的主要决定因素就是色调，同类色调给人的感觉是类似的，如淡雅的色调都柔和、甜美。因此，不想改变色相型组合时，就可以改变所用色彩的色调使它们靠近，就能够融合、统一，塑造柔和的视觉效果。

① \
② \
③

④添加同相色或近似色

当某种色彩数量少且与他色对比过于尖锐的时候，可以添加与其为同相色或近似色的色彩，就可以在不改变整体感觉的同时，减弱对比和尖锐感，实现融合。

⑤增加数量重复融合

当一种非常突出的色彩单独使用而与周围其他色彩没有联系时，就会给人不融合的感觉，若增几个同样颜色的装饰，使其重复地出现在同一个空间中，就可以通过呼应形成整体感。

⑥渐变提高融合感

色彩的渐变分为色相的渐变和色调的渐变两种，前者根据色相环上的位置发生变化，后者根据色彩的明暗程度发生变化，无论哪一种，只要按照一定的顺序排列就能够给人稳定的感觉，当色彩角色色相差或明度差较大时，可以增加中间色形成渐变来进行调节。

⑦群化统一

将临近物体的色彩选择色相、明度、纯度等某一个色彩属性进行共同化，塑造出统一的效果就是群化。这种方式可以使室内的多种颜色形成独特的平衡感，同时仍然保留着丰富的层次感，但不会显得杂乱无序。

⑧统一色价

色价是由色彩的纯度和重量感来决定的，色彩的纯度越高、重量越重色价就越高，纯度越低、重量越轻色价就越低，例如纯色调的蓝紫色就比纯色调的黄色色价高，统一色价能让整体配色更稳定。

④

⑤

⑥

⑦

⑧

二、常用配色技巧

①融合也宜有层次感

在同一个空间中的各种色彩，如果明度差和色相差同时都很靠近，很容易产生乏味的感觉，可以将两种方式结合运用来避免单调。如果明度差过大，除了调节明度外，还可以通过减小色相差，来避免层次混乱。

②靠近色调不适合少数色

在同一个空间中，由色彩数量过多而引起混乱时，采用靠近色调的调节方式能够表现出统一中具有变化的感觉，但此种方式不太适用于色彩数量少的情况，少量色搭配色调同时靠近，调节力度很难控制，很容易产生乏味感。

③群化按照属性分组更容易掌控

当选择以群化的方式来规整色彩使其具有融合感时，可以将所有色彩按照色彩的某一属性来进行分组，按照规律摆放，更容易获得统一感。例如将鲜艳的颜色按照冷暖分组，形成两组大的对比，就比随意地混放要感觉稳定。

三、实例演示

①减小色相和明度差

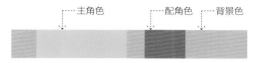

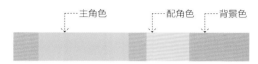

主角色与配角色之间的色相差和明度差都较大，突出主角色的同时带有一些尖锐的感觉。

改变配角色的色相和明度，与主角色靠近，主角色不变的情况下，变得稳重、柔和。

②靠近色调

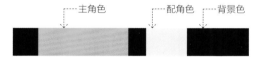

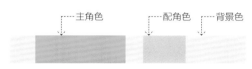

组合中包括了各种色调，给人以混乱、不稳定的感觉。

将配角色和背景色调整为靠近色调，效果稳定、融合。

③添加近似色

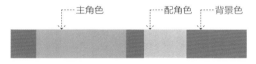

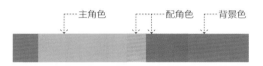

主角色和背景色的色相差较大，给人活泼的感觉，但略显刺激。

同时添加两种色彩角色的近似色后，减弱对比的同时，层次变得更为丰富。

④群化融合

冷色和暖色间隔排列，非常活泼，但容易给人混乱、不统一的感觉。

按照冷暖色群化，仍然具有活泼感，同时具有了秩序感，不会让人感觉混乱。

感觉混乱、没有融合感   按照纯度群化具有融合感   感觉混乱、没有融合感   按照冷暖分组具有融合感

无彩色可以使空间配色更稳定

家居空间中最常用的无彩色为黑、白、灰三种颜色，它们没有冷暖倾向，属于广义上的中性色，当感觉居室内的色彩设计不够稳定时，可以加入无彩色来进行调节。

①使用白色可使彩色主角色更突出

白色是明度最高的色彩，任何彩色与之放在一起，都能够显得尤为引人注目，当家居空间中的主角色不是很突出时，可以使用白色的墙面或者在主角色附近加入白色，就可以使配色的中心变得稳固。

②黑色可强化稳定感

当墙面或主角色使用比较突出的彩色时，容易显得过于激烈，此时可以选择黑色做主角色或配角色，用它强烈的下沉感来增加稳定感。

③灰色可调节层次，融合视线

当空间中的某一区域色彩数量较多时，可以用不同明度的灰色加入到它们之中，使所有色彩在明度上形成渐变，来增强空间配色的稳定性。

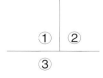

第四章

▼ 不同居住者的空间配色

室内软装饰体现了一个人的性格特点，只要有人类活动的室内空间都需要软装陈设。因此，不同阶段的人群需要不同的软装搭配。本章我们将来学习不同人群的软装搭配技巧，通过结合居住者的性别和年龄特征，从整体上综合策划方案，能够使家居空间更贴近户主的需求。

男性空间

男性给人的整体印象是理智、阳刚并有力量的，为男性居住空间进行配色设计时，应着重于表现出他们的这种性别特点。在所有的色彩中，深暗色调的蓝色具有冷峻感，能够表现出男性理智的一面，而厚重的低明度暖色则可表现出他们的力量感，柔美的色彩与人群特点不符，不适合使用。

①宜避免使用过于柔美的色彩

男性居住空间中，有一些色彩是不适合使用或不适合大面积使用的，会让人感觉与此类人群特点不符，包括粉色系、淡雅的紫色、高纯度的黄绿色等。

②追求个性可用高纯度黄色、橙色做点缀

若男性居住者着重于追求个性感，觉得暗沉的色调没有新意，可适当使用高纯色或高明度的黄色、橙色作为点缀色来与具有男性特点的色彩组合，但需要控制两者的对比度。通常来说居于主要地位的大面积色彩，除了白色、灰色外，明度不建议过高。

③暗冷色营造墙面宜控制比例

将暗冷色用在墙面上来表现男性特点时，需注意居室的面积及采光，如果面积很小或采光不佳，不建议将其大面积地用在墙面上，容易使人感到压抑、阴郁，可小面积地与其他色彩组合使用。

④拉大明度差强化男性气质

单一的使用色相组合来表现男性特点感觉张力不够时，可以将色相对比与明度对比结合起来，例如深蓝色沙发组合多个浅蓝色和一个亮橙色靠枕，就可以通过两种对比来强调男性特点。

配色设计一览表

蓝色

低明度蓝色为主

蓝色系组合 + 白色

蓝色 + 无色系

无色系

黑色为主

灰色为主

无色系组合

暖色
中性色

浊色调

深色调

暗色调

对比色

低明度色相对比为主

色调对比

对比组合

白色墙面

深灰色墙面

浊暖色地面

黑色吊灯

深绿色植物

无色系家具

灰色布艺

灰色装饰画

女性空间

适合女性空间的配色通常是温暖的、柔和的。温暖感主要依靠高明度或高纯度的红色、粉色、黄色、橙色等暖色来塑造；柔和感主要依靠各类色彩的弱对比、过渡平和来塑造。除此之外，蓝色、灰色等色彩，只要运用得当，同样也可用在女性空间中。

①使用冷色应注意色调和搭配

用蓝色表现女性气质，所选择的色调宜清透且具有甜美感，以表现出蓝色柔和的一面。深色调的蓝色也可以使用，但更建议用在地毯或者花瓶等装饰上，不要占据视线的中心点。小户型可用淡蓝色、米色和白色组合使用，温馨中糅合清新感，能够彰显宽敞感。

②使用暗暖色应注意面积并避免强对比

暗色系的暖色具有复古感，喜欢此种感觉的女性想要将其用在居所中，宜尽量避免与纯色调或暗色调的冷色同时大面积的使用，很容易产生强对比感，使整体配色显得过于阳刚，组合色相相近的淡色调更适合。

③黑色和深灰色可做主角色或配角色

通常来说，黑色和深灰色是具有男性特点的，但对一些讲求个性的女性来说，也是可以使用的，诀窍就是用其作为主角色或配角色，而后搭配一些典型女性色，包括粉色、紫色等。

配色设计一览表

暖色

淡色调为主

纯色调为主

浊色调为主

紫色系

紫色为主

紫色 + 白色

紫色 + 粉色

**蓝色
绿色**

高明度

高纯度

低明度

无色系

柔和的灰色

白色

黑色

淡紫色墙面

米黄色地面

淡灰色顶面

白色沙发

棕色茶几

白色柜子

白色灯具

黑白装饰画

男性空间和女性空间配色设计的异同

在对男性空间和女性空间配色时可以发现，有一些色相是可以通用的，仅是色调或搭配方式的差别，掌握这种区别可以更轻松地进行配色设计。

2 种配色方式的异同对比

1. 色彩 ● ● ●

相同处 蓝色、绿色、黄色以及白色和灰色等色彩可共用
不同处 男性空间以冷色和深暗暖色为主，女性空间以暖色、紫色和柔和冷色为主

①无彩色的运用比例不同：

单身男性	黑色或灰色占据较大比例，浅灰色使用较少，多使用中度灰或深灰。
单身女性	通常以白色为主，浅灰色可大面积使用，黑色和深灰色使用面积较小。

②做主的色相不同：

单身男性	以冷色系或中性色为主，暖色有色调要求，基本不使用柔和的粉色和紫色。
单身女性	以暖色系或紫色为主，基本没有不适用的色相，仅需控制色调和使用面积。

2. 色调 ● ● ●

相同处 任何色调均可使用
不同处 男性空间以低明度色调为主，女性空间以高明度色调为主

单身男性	配色的中心部分常以低明度的色调为主，例如深色、浊色、暗色等。
单身女性	大面积的居室空间以高明度的色调为主，例如淡色、淡浊色等。中心部分可使用明色、纯色、浊色或暗色，其中低明度的深、暗色使用面积不宜过大。

3. 对比强度 • • •

相同处 都可运用对比色

不同处 男性空间以强对比为主，色相对比或色调对比均比较强；女性空间色相对比以过渡柔和的弱对比为主，色调对比根据情况具体选择，可强可弱。

单身男性

深暖色为主墙面

强对比色点缀

浊暖色沙发

强对比座椅

深暖色茶几

中度灰为主地面

单身女性

淡冷色为主墙面

弱对比壁纸

暖色床品

白色为主床品

弱对比床品

儿童房

儿童房的配色设计宜结合居住者不同的性别和年龄来进行具体的选择，总的来说，男孩适合具有男性特点的色彩，女孩适合女性色彩，而后不同年龄段色调选择也有区别。

①婴儿房适合淡雅的色彩

虽然孩子通常都比较活泼，但婴儿的眼睛不能够受刺激，所以大面积使用的色彩建议选择淡雅的色彩，适合男孩儿的有淡蓝色、淡绿色、淡黄色等，适合女孩儿的有淡粉色、淡黄色、淡紫色、淡绿色等。

②用活泼配色表现天真、活泼的特性

低年龄段的孩子多活泼、好动，在进行房间的配色设计时，可以多使用一些活泼的对比色，更适合表现其性格特点，让他们有一种归属感。

③青少年空间配色可靠近成年人

青少年阶段的孩童，越来越成熟，他们的房间配色设计就不适合大量使用过于活泼的色调，整体配色设计可以靠近成年人，局部使用一些活泼色做点缀，来表现其特点。

④巧妙运用中性色

白色、浅灰色或者咖啡色、卡其色等，属于比较中立的色彩，能够塑造出冷静又不失生活气息的感觉。不喜欢过于活泼的配色，可以此类色彩做基调进行塑造，饰品再根据孩子的年龄段，搭配不同色系。

配色设计一览表

女童色

淡色为主

淡浊色为主

男女通用色为主

活泼色为主

甜美色为主

个性配色

男童色

淡色为主

淡浊色为主

男女通用色为主

活泼色为主

沉稳色为主

个性配色

 淡浊色墙面

 活泼色腰线

 活泼色床

 活泼色窗帘

 活泼色床品

 活泼色地毯

 沉稳色地面

 活泼色摆件

通用色顶面

甜美色柜子

甜美色窗帘

甜美色床单

活泼色饰品

活泼色吊灯

活泼色座椅

淡浊色地毯

男孩房和女孩房配色设计的异同

男孩房与女孩房配色设计最大的区别是男孩房不适合使用具有甜美感的紫色和粉色，而女孩房的色彩基本没有什么使用限制，只是典型的男性色使用面积不能过大。

2 种配色方式的异同对比

1. 色彩 • • •

相同处 红色、黄色、橙色、蓝色、绿色、棕色、黑色等色彩均可共用
不同处 男孩房不适合使用紫色和粉色，女孩房所有色彩均可使用

①无彩色的运用比例不同：

男孩房	白色、浅灰色、深灰色以及黑色均可使用，比例根据年龄调整即可。
女孩房	以白色或浅灰色为主，深灰色和黑色适合辅助或点缀，面积不宜过大。

②做主的色相不同：

男孩房	以冷色系或中性色为主，基本不使用柔和的粉色和紫色。
女孩房	以暖色系或紫色为主，没有不适用的色彩，仅需控制使用面积。

2. 色调 • • •

相同处 根据年龄段选择适合的色调
不同处 青春期男孩房可以适当扩大深、暗的色彩的使用比例，女孩房则可以根据喜好搭配

男孩房	婴儿时期适合明度高的色调，孩童时期适合纯度高的色调，而青春成长期明度和纯度都低的色调可加大使用比例。
女孩房	婴儿时期适合高明度色调，孩童时期可使用高纯度色调也可仍使用高明度色调，青春成长期可根据喜好搭配。

3. 对比强度 • • •

相同处 都可运用对比色

不同处 除婴儿房外男孩房以强对比为主，色相对比或色调对比均可强一些；女孩房的色相对比以过渡柔和的弱对比为主，色调对比根据情况具体选择。

男孩房

强对比装饰画

强对比布艺

强对比布艺

冷色为主地毯

女孩房

淡粉色为主墙面

弱对比壁纸

粉色为主家具

淡黄色为主家具

粉色＋白色
为主布艺

老人房

老人房的配色设计需要考虑老年人的喜好和老龄化的特点，他们经历过人生的起伏，一些舒适、安逸的色彩更适合他们。在整体配色保持柔和感的同时，可使用一些强的色调对比，一是让他们更明确地分清不同界面避免磕碰，一是增加层次感。

①暖色组合可表现温馨感和朴实感

浅色调的暖色如米色、米黄色、米白色等，淡雅、温馨，可以让人精神放松，在老人房中很适合做墙面背景色使用。深暖色如棕色、深咖啡色、深卡其色等大地色，具有厚重感，能够传达出亲切、淳朴、沧桑的感觉，适合用在家具、地面等部位，与浅色组合使用，具有层次感，同时还可使房间兼具温馨感和朴实感。

②用纹理减轻沉闷感

喜欢复古氛围的老人，房间适合较多地运用低明度色彩，例如棕色，而这类色彩使用面积较大后容易显得沉闷，在不改变配色的情况下，可以选择带有动感纹理的材料来避免沉闷感。

③小技巧塑造具有品质感的老人房

设计老人房的配色前可以询问一下有无爱好，例如喜欢阅读的老人，就会喜欢比较素雅的环境，可以用淡淡的蓝色或蓝灰色装饰墙面，而后搭配深棕色的家具或地面，虽然同时满足色相和色调对比，但很柔和，在沉稳安静的整体氛围中又具有品质感。

配色设计一览表

暖色系

浅暖色为主

浊暖色为主

深、暗色调为主

中性色

淡色调绿色

浊色调为主

深、暗色调为主

蓝色系

浊色调为主

深、暗色调点缀

蓝色组合

对比色

低强度色相对比

高强度色调对比

对比组合

淡暖色墙面

暗暖色地面

浊暖色柜子

浊暖色床

深暖色边桌

中灰休闲椅

淡暖色灯具

蓝色系床单

婚房

在多数人的印象中，婚房都是红色的，因为红色代表吉祥、喜庆，它能够渲染出具有喜庆感的新婚氛围。但在越来越追求个性的时代，很多年轻人都希望自己的婚房除了喜庆之外，还要能够展示一些个性，就可以将红色作为点缀色使用，再搭配一些其他色彩，或者完全使用一些活泼或清新的色彩来装扮新房。

①时尚的红色用法

正统的大红或深红色是比较能够表现出喜庆感的，实际上红色搭配得当是并不俗气而非常时尚的，诀窍就是需要与无色系组合使用，建议用法是使用少量黑色、大量白色和适量的灰色。

②感觉刺激的颜色用软装呈现

如果新婚夫妇不喜欢家里到处都是火热的颜色，而有时为了结婚典礼又不得不在家中使用一些喜庆的颜色，例如大红、大紫，那么可以将这些色彩用方便更换的软装来呈现，例如沙发套、窗帘、靠枕、床品等，日后可随时更换为喜爱的色彩。

③男女色比例宜均衡

进行婚房配色设计时，可以将两性的代表色组合使用，来隐喻婚姻的实际意义。但在设计过程中，注意不要产生偏颇，过于男性化或过于女性化都不符合实际需求，通常的做法是主角色使用男性色或中性色，女性色做辅助或点缀。

配色设计一览表

红色系

红色 + 无色系

红色 + 白色

红色 + 近似色

蓝色系

蓝色弱对比

蓝色中对比

蓝色强对比

近似色

艳丽色组合

清新色组合

沉稳色组合

多彩色

活泼喜庆

清新喜庆

沉稳喜庆

红加白墙面

对比色组合

男女色组合

男女色组合

喜庆色靠枕

喜庆色花艺

红白色组合

传统婚房和个性婚房配色设计的异同

传统婚房中比较多的使用红色做装饰，虽然喜庆但容易使人感觉过于喧闹。个性婚房中红色多使用在软装部分，除此之外，多使用对比色和色彩数量来营造喜庆感。

2 种配色方式的异同对比

1. 色彩 • • •

相同处 红色均可使用

不同处 传统婚房以红色为主，个性婚房红色多做点缀使用

①红色的运用比例不同：

传统婚房	红色运用面积较大，整体比较热烈。
个性婚房	红色多做点缀或仅用在墙面上，整体比较时尚。

②做主的色相不同：

传统婚房	以红色、紫色等比较艳丽的色相为主。
个性婚房	更多地使用红色以外的色相，主要手法是运用对比和色彩数量来营造喜庆感。

2. 对比强度 • • •

相同处 都会用到高强度的色调对比

不同处 个性婚房较多的时候用到强色相对比

传统婚房	主色为红色，比较热烈，所以很少会再加入色相对比来增添混乱感，多为添加近似色，如紫色、粉色等，层次感主要依靠色调对比来塑造。
个性婚房	较多地运用对比激烈或略为激烈的色相对比来营造欢快和喜庆的氛围，同时会适度搭配一些高明度差的色调对比。

第五章

不同家居风格的配色设计

　　现今时期，经过传承和不断地创新，使得装修风格多种多样，每一种风格都有其独特的设计元素，配色设计同样也存在较大的区分，甚至可以说是辨别风格的一个重要因素。本章我们来学习 13 种家居风格的配色设计，并了解类似配色设计的风格之间的异同，通过对比学习，更加深入地认识各种家居风格，最终达到轻松设计家居配色的目的。

1.了解现代时尚风格配色设计的特点和常用配色技巧。

2.了解现代简约风格配色设计的特点和常用配色技巧。

3.了解工业风格配色设计的特点和常用配色技巧。

4.了解北欧风格配色设计的特点和常用配色技巧。

5.掌握配色相似的风格之间色彩设计的具体差异。

现代时尚风格

一、配色设计特点

现代风格起源于 20 世纪初，因包豪斯学派的创立而得以传播，提倡突破传统、创造革新。材料选择大胆创新，家具软装突出制作工艺的简洁性、不繁杂。配色设计方面一个显著的特点是会紧跟时尚潮流，但不盲目，而是提取潮流中的经典色，运用到家居空间中，强调创新、大胆与个性。

①无色系或棕色系为主

现代时尚风格的配色设计经常以棕色系列，如浅茶色、棕色、象牙色，或无色系系列，如白色、灰色、黑色等中间色为基调。其中白色为主最能表现现代风格的简单，黑色、银色、灰色能展现现代风格的明快与冷调。

②对比色使用频率较高

现代时尚风格配色设计的另一个显著特征，就是会经常使用非常强烈的对比色，形成一种视觉冲击感，创造出特立独行的个人风格。但对比色的运用并不随便，当使用面积较大时，是以一种颜色作为空间主色调、另一种色调做搭配的形式，有鲜明的主次变化；还有一种方式是均作为点缀色使用，将其用在装饰画、靠枕或小装饰上，这样设计的好处可以使空间不显杂乱，在统一中寻求变化。

二、常用配色技巧

①配色时需注意比例

现代时尚风格的色彩运用追求强烈反差的效果，或强烈的色调对比，例如黑白反差；或浓重艳丽，如对比色的运用。如果室内使用黑、灰、棕等比较暗沉的色彩为主色，可以搭配红、黄等相对比较明亮的色彩，但一定要注意使用的比例，如果计划使用的明

亮色彩纯度比较高，更建议作为小面积的点缀色使用，不宜使用的数量过多或过于张扬，会让人感觉很刺激，失去家居应有的舒适氛围。

②金属色彰显时尚感

现代时尚风格融合了现代感和时尚感，其中时尚感的表现除了依靠对比色外，适当地使用一些金属色可以强化这种效果，例如金色、银色、古铜色等，呈现它们的最佳方式是金属材料。但在使用时需要注意的是，银色和古铜色使用没有什么讲究，但金色的色调是很重要的，选择淡金或暗金会更时尚且高档，而纯正的黄金则不适合用来彰显时尚感。除此之外，金属材料不宜大面积使用，容易让人感觉过于冷硬，通过小件家具、灯具或饰品来展现更舒适。

常见配色方式一览表

无色系

白色 + 灰色 + 银色

黑色 + 白色 + 银色

黑色 + 灰色 + 银色

黑色 + 白色 + 灰色

白色 + 黑色

黑白灰 + 对比色

黑白灰 + 多色组合

单一无色系 + 单彩色

无色系 + 暖色

无色系 + 冷色

无色系 + 对比色

无色系 + 多色组合

对比色

单一纯色 + 黑色

对比色

红色 + 绿色

红色 + 蓝色 + 绿色

红色 + 黄色 + 蓝色

对比色组合

棕色系

棕色系 + 白色

棕色系 + 无色系

棕色系 + 白色 + 金色

棕色系 + 单冷色

棕色系 + 单暖色

棕色系 + 多色组合

单一无色系
+ 暖色

对比色组合

对比色组合

红色 + 黄色
+ 蓝色

对比色组合

红色 + 黄色
+ 蓝色

红色 + 黄色
+ 蓝色

无色系 + 暖
色

现代简约风格

一、配色设计特点

现代简约风格注重居室的使用功能，主张以实用为设计原则，力求以个性化、简单化的方式塑造舒适家居。配色设计方面，通常是以无色系中的黑、白、灰色为大面积主色使用，而彩色的选择上比较广泛，搭配亮色进行点缀，黄色、橙色、红色等高饱和度的色彩都是较为常用的，这些颜色大胆而灵活，不单是对简约风格的遵循，也是个性的展示。

①白色最为常见

简约风格中的白色更为常见，白顶、白墙清净又可与任何色彩的软装搭配。如塑造温馨、柔和感可搭配米色、棕色等暖色；塑造活泼感需要强烈的对比，可搭配艳丽的纯色，如红色、黄色、橙色等；塑造清新、纯真的氛围，可搭配明亮的浅色。

②黑色多做跳色

黑色具有神秘感，大面积使用感觉阴郁、冷漠，所以多做跳色使用，以单面墙、主要家具或装饰品来呈现。

③灰色的使用较灵活

灰色的使用是比较灵活的，高明度的灰色具有时尚感，如浅灰、银灰，用作大面积背景色及主角色均可，低明度的灰色则可以以单面墙、地面或家具来展现。

二、常用配色技巧

①遵循清爽利落的原则

现代简约风格的配色设计同样遵循风格特点，最终效果具有简洁的感觉，而这种简洁感的表现主要是依靠清爽利落的设计方式来展现的。表现在具体的运用中当使用的彩色较多时，一定要大量地使用白色做背景色，才能具有这种感觉。

②将配色印象作为设计出发点更易获得理想效果

简约风格均使用无色系做基调，所以氛围的塑造主要依靠的是彩色的使用。建议在进行配色设计时，将配色印象作为设计的出发点，会更容易控制配色的走向，取得理想的效果。例如居住者喜欢轻快的效果，可适当使用橙色或黄色；如喜欢甜美轻柔的效果，可以将柔和的粉色、米黄色等作为中心；喜欢优雅感，可选玫瑰色或淡紫色；喜欢华丽感则可选择橘红、彩蓝、酒红、浓红和金色等色彩。

③单独地使用一种明快色彩容易过于跳跃

简约风格色彩设计有一种很常用的手法，就是在白色为主的环境下使用比较明快的纯色做点缀，需要注意的是，单独地使用一种纯色容易显得特别跳跃，容易使人有一种缥缈的感觉，所以建议搭配类似色调的另一种或两种色彩相组合，可避免这种感觉的产生。

常见配色方式一览表

无色系

白色 + 灰色 + 单彩色

白色 + 灰色 + 多彩色

白色 + 灰色 + 棕色

白色 + 黑色 + 单彩色

白色 + 黑色 + 多彩色

白色 + 黑色 + 棕色

无色系组合

黑色 + 白色 + 灰色

黑白灰 + 单彩色

黑白灰 + 多彩色

黑白灰 + 棕色

黑白灰 + 米色

纯暖色 + 三色

纯暖色 + 两色

纯冷色 + 三色

纯冷色 + 两色

对比色 + 三色

对比色 + 两色

**彩色
+
黑白灰**

近似色 + 两色 / 三色

多彩色 + 两色 / 三色

浅木色 + 两色 / 三色

木色组合 + 两色 / 三色

冷色系 + 两色 / 三色

单彩色 + 木色 + 无色系

无色系组合

黑色 + 白色
+ 灰色

白色 + 灰色
+ 单彩色

黑白灰 + 多
彩色

浅木色 + 白
黑 / 灰

浅木色 + 黑
色 + 灰色

单彩色 + 白
色 + 木色

浅木色 + 黑
白灰

现代时尚风格和现代简约风格配色设计的异同

现代时尚风格和现代简约风格同属于现代风格类别，无论是设计主旨还是配色方式都有很多共同之处，所以了解它们的区别是必要的，有利于更准确地掌握风格特征。

2 种配色方式的异同对比

1. 色彩 • • •

相同处 基调都会使用较多的黑、白、灰，所用棕色均不偏红色调
不同处 现代时尚风格棕色也是代表色，现代简约风格中棕色多用在地面上

①棕色系的运用比例不同：

现代时尚风格	棕色系会作为主色使用，运用面积较大，可同时用在墙面、地面和家具上。
现代简约风格	棕色主要是与白色组合做配色，多用在部分墙面或地面上，且面积适量。

②彩色使用方式不同：

现代时尚风格	更多的是以对比色为主，表现强烈的反差，追求时尚和个性。
现代简约风格	并不限制在对比色的范畴内，色彩组合比较自由，表现简洁感即可。

2. 效果 • • •

相同处 以白色和纯色组合的配色方式活力感和张力都比较强
不同处 现代时尚风格以表现个性时尚为主，现代简约风格以表现简练、利落为主

现代时尚风格	是一种个性十足的家居风格，无论何种配色方式均给人以强烈、张扬的感觉，即使是棕色系为主也会用对比来增加个性，小空间和大空间均适用。
现代简约风格	效果较为多样，在以白色为主的基调下，所选择的彩色的色调决定了整体效果，在简练、利落的基础上，可以活泼可以清新也可以很浪漫，更适合小空间。

3. 对比强度 • • •

相同处 都有使用强对比的配色类型

不同处 现代时尚风格的反差效果主要就是依靠强烈的对比来展现的，即使是棕色为主的类型也会使用强烈的色调对比；现代简约风格的强对比展现方式为色调对比。

现代时尚风格

白色为主墙面

强对比装饰画

强对比布艺

强对比家具

灰色 + 白色布艺

现代简约风格

灰色为主墙面

白色为主装饰画

灰色为主沙发

弱对比布艺组合

工业风格

一、配色设计特点

工业风格粗犷、神秘，极具个性，准确地说它是将工厂与美式风格的一些元素融合在一起的一种设计方式，具有浓郁的怀旧气息。比较经典的设计元素是砖墙、铁艺和水泥的大量运用，所以色彩设计上非常有艺术感，以白色、灰色、黑色为主调，家具以黑色或棕色最为常见。

① 黑白的经典风味

工业风配色设计中比较能够展现风格特点的配色之一就是黑色和白色的运用，黑色神秘冷酷，白色优雅轻盈，两者混搭交错可以创造出更多层次的变化，在此种基调之上又会适量地加入如木色、棕色、玛瑙红、灰色等色彩中的一种或几种做辅助，展现怀旧气息。

② 砖红和水泥灰的运用

没有什么材料比红砖墙还能够展现出工业风的粗犷感，裸露红砖本色的墙面具有老旧又摩登的感觉，砖块与砖块中的缝隙可以呈现出特别的光影层次，具有浓郁的艺术感。

还可以用水泥来代替红砖，水泥的灰色具有浓郁的工业气息，无论是顶面、墙面还是地面均可使用，配以适量银灰色的不锈钢或棕色系的板材、涂料或家具，冷酷又不压抑。

二、常用配色技巧

① 基本不使用过于强烈的色彩

工业风的颜色搭配是重要的，不可忽视，是展现风格特点的重要元素。工业风给人的整体印象是冷峻、硬朗、个性的，因此在进行工业风格的家居配色设计时需要注意，一般不建议选择使用色彩感过于强烈的颜色，例如紫色、粉色、橙色等，原木色、灰色、棕色、复古红等颜色是非常朴素又硬朗的，更能够展现出工业风格的魅力和特点。

② 管线的颜色画龙点睛

传统家居在进行装饰设计时管线都会被隐藏起来，让人们在表面上察觉不到它们的存在。而工业风家居则反其道而行，不会刻意隐藏各种管线，而是将它们裸露出来，化为室内的装饰元素之一来进行设计。作为主要装饰元素的一部分，管线的颜色具有画龙点睛的作用，它的色彩处理主要有两种方式，一是涂刷成黑色，与黑色灯具形成整体；如果是银灰色的金属管道，室内若存在其他银灰色装饰，则可保留本色。

常见配色方式一览表

黑色＋白色＋灰色

黑色＋白色＋灰色系

灰色＋黑色

灰色系＋黑色

灰色＋白色

黑色＋灰色＋棕色

黑白灰

黑白＋灰色系＋棕色

黑白灰＋棕色＋绿色

黑白灰＋棕色＋蓝色

黑白灰＋棕色

黑白灰＋暗金色

黑白灰＋复古多色

砖红色

砖红 + 黑白灰 + 棕色

砖红 + 黑白灰

砖红 + 灰色系 + 棕色

砖红 + 黑白 + 棕色

砖红 + 黑白 + 单彩色

砖红 + 黑白灰 + 多彩色

棕色系

棕色系 + 灰色

棕色系 + 黑白

棕色系 + 黑白灰

棕色系 + 黑白 + 单彩色

棕色系 + 黑白 + 多彩色

棕色系 + 黑白灰

灰色 + 黑色

 灰色 + 黑色

 黑色 + 白色 + 灰色

 黑色 + 灰色 + 棕色

 棕色系 + 黑白灰

 砖红 + 黑白 + 棕色

 砖红 + 黑白灰 + 棕色

 砖红 + 黑白灰

北欧风格

一、配色设计特点

北欧风格，是指欧洲北部国家的室内软装设计风格。注重功能，追求理性，讲究简洁明朗的颜色，以简洁著称。室内基本不用纹样和图案装饰，只用线条、色块来区分，所以色彩可以说是北欧家居中的主导者。

①配色设计明朗干净

配色设计方面最显著的特点是白色和木色的运用，大面积的彩色多为柔和的色调，纯色调主要以小面积的点缀色来呈现，家居空间给人的感觉干净明朗，绝无杂乱之感。

②主调为黑、白、灰等

北欧风格使用的色彩都具有强烈的纯净感，作为主色的色彩包括白色、黑色、灰色、蓝色、木色等，其中独有特色的就是黑、白、灰的使用，它们属于配色设计中的"万能色"，最具代表性的是纯粹的黑、白、灰两色或三色组合而不加其他任何彩色。

③色彩过渡柔和

北欧风格中鲜艳的纯色仅作为点缀使用，除此之外，多使用中性色做较为柔和的过渡，即使同时使用黑、白、灰营造的强烈效果中，也总有稳定的元素打破它的视觉膨胀感，如用素色家具或中性色软装来压制。

二、常用配色技巧

①大彩色宜选择具有高级感的类型

在白色的基调中使用较多的彩色也是北欧风格一个具有代表性的配色方式，彩色使用量最多的时候可同时用在主要家具、地面、装饰画和靠枕上，但选择彩色时需要注意，大面积的色彩不宜使用纯色，如草木绿、茱萸粉、紫灰这一类带有高级感的色彩更符合北欧风格内涵。

②喜欢极简倾向可用黑白做主色

北欧风格是极简风格的代表性风格，所有色彩中黑与白是极简主义的代表色，若更喜欢北欧风格的这种特点，可以选择将黑色和白色作为居室的主色使用，常用做法是顶面、墙面全部使用白色，黑色用在家具上，搭配木色的地面做过渡，墙面可悬挂黑白组合的装饰画做装点。

③木色多为素色

北欧地区为了保暖多在家居中使用木料，它可以说是北欧风格的设计灵魂，各种木质材料本身所具有的柔和色彩，展现出一种朴素、清新的原始之美，代表着北欧风格的独特性。所以木色的使用频率非常高，但需要注意的是，北欧风格的居室中使用的木材，基本上都使用的是未经精细加工的原木，均低调且没有华丽感，如棕色、驼色、褐色等颜色的木料。

常见配色方式一览表

黑白灰 + 木色

白色 + 黑色 + 灰色

白色 + 灰色 + 木色

白色 + 黑色 + 木色

无色系 + 木色

黑白灰 + 木色 + 冷色

黑白灰

黑白灰 + 木色 + 中性色

黑白灰 + 木色 + 暖色

黑白灰 + 木色 + 对比色

黑白灰 + 木色 + 近似色

黑白灰 + 木色 + 多彩色

白色 + 木色 + 单 / 多彩色

木色系

木色 + 灰黑白

木色 + 白灰黑

木色 + 白色 + 灰色

木色 + 黑色 + 白色

木色 + 灰黑白 + 单彩色

木色 + 灰黑白 + 多彩色

彩色系

单暖色 + 黑白灰 + 木色

单冷色 + 黑白灰 + 木色

中性色 + 黑白灰 + 木色

对比 / 近似色 + 黑
白灰 + 木色

多彩色 + 黑白灰 + 木色

多彩色 + 白色

白色 + 黑色
+ 木色

白色 + 黑色
+ 木色

黑色 + 白色
+ 灰色

白色 + 木色
+ 多彩色

木色 + 灰黑
白 + 单彩色

对比色 + 黑
白灰 + 木色

木色 + 白色
+ 灰色

工业风格和北欧风格配色设计的异同

工业风格和北欧风格整体装饰手法上差异很大，但在配色设计上却有一些共同之处，都会较多地使用无色系为基调。

2 种配色方式的异同对比

1. 色彩 ● ● ●

相同处 都以黑、白、灰为主，都有搭配棕色的配色类型

不同处 工业风格搭配色彩多为砖红和棕色，北欧风格搭配的色彩比较多样化

①搭配的色彩不同：

工业风格	由于多使用红砖墙和皮质或木质家具，所以多用黑白灰组合棕色系的色彩。
北欧风格	在以黑白灰为基调的情况下，可组合的色相较多，并不仅限于某一类型。

②棕色的色调不同：

工业风格	棕色的体现为木地板、木制家具、木质门和皮质家具，木料的棕色较为朴素，但皮料的棕色则多带有一些红色调。
北欧风格	棕色的体现主要为木地板和家具，以浅色和浊色为主，偶尔使用深色，但均没有色彩偏向，不使用偏红的棕色。

2. 效果 ● ● ●

相同处 都具有朴素的一面

不同处 工业风家居的配色怀旧且具有艺术感，北欧风家居的配色设计更纯净

工业风格	配色设计以展现粗犷、怀旧和艺术性为出发点，部分配色具有传统感。
北欧风格	配色设计以展现简约、纯净为出发点，没有怀旧情怀和传统感。

3. 色调 ● ● ●

相同处 都会使用浊色调

不同处 工业风格家居的色彩以深色调和浊色调为主，很少使用纯色调。北欧风格家居色调基本没有限制，即使是纯色调偶尔也会做少量的点缀使用。

工业风格

白色为主墙面

朴素效果配色

浊色调墙面

深棕色地面

怀旧感家具

北欧风格

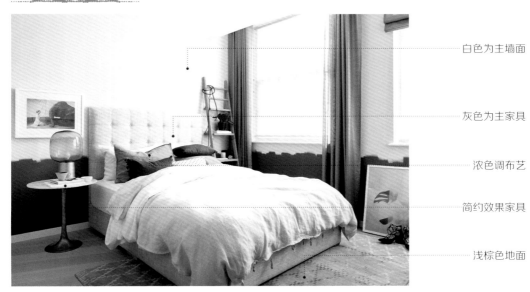

白色为主墙面

灰色为主家具

浓色调布艺

简约效果家具

浅棕色地面

1. 了解中式古典风格配色设计的特点和常用配色技巧。
2. 了解新中式风格配色设计的特点和常用配色技巧。
3. 了解欧式古典风格配色设计的特点和常用配色技巧。
4. 了解新欧式风格配色设计的特点和常用配色技巧。
5. 掌握配色相似的风格之间色彩设计的具体差异。

中式古典风格

一、配色设计特点

中式古典风格是在现代住宅中对传统中式住宅的再现，延续了我国传统木构架建筑室内的藻井、天棚、挂落、雀替等装饰手法，搭配明、清造型的家具，彰显民族文化特征。它最显著的特点就是各种实木材料的使用，所以在配色方面多呈现以深色木质为主的设计，而后组合一些具有皇家特点的彩色，如红、蓝、黄、紫等，总的来说可以分成两个大的类型，宫廷风和园林风。

①宫廷风配色华丽

以皇家建筑为灵感的中式古典配色设计，主要以棕红系木色为基调，搭配深木色、米色、白色等调节层次感，整体配色设计浓烈而成熟，墙面、地面和家具都会出现木色的身影。此种设计方式区别于民居的重要特点是会搭配较多具有华丽感的彩色，例如大红、正黄、彩绿等，延续了古典建筑雕梁画栋的美感。

②园林风配色朴素

取自于古典园林配色的设计方式整体比较朴素，多以沉稳色的棕色系深木色为基调，组合色多为白色或米色，较少会大量地使用华丽的彩色，多做少量点缀。

二、常用配色技巧

①层次感的塑造很重要

从中式古典住宅的设计方式上我们可
以发现，中式传统风格是非常讲究层次感的，
建筑上多用哑口、博古架、屏风以及窗棂等
来装饰，形成移步换景的设计方式。这一特
点也延续到了配色设计上，以作为配色重点
的木色为例，很少会只使用一种深木色，多

为各种色调的木色组合，形成统一且有层次感的效果，在搭配浅色时，也多同时使用白色、米色
或米白色，来塑造层次感。

②结合居室面积和采光决定配色方式

在具体选择中式古典风格住宅的配色是倾向于宫廷风还是倾向于园林风时，建议从居室面积
和采光情况方面来进行考虑。宫廷风浓厚且华丽，需要面积大、高且采光好的住宅；如果居室面
积不大，光线来源的窗比较小，则更建议选择较为朴素的园林风配色方式，顶面、墙面选择浅一
些的色彩，如白色、米色等，可少量点缀木色的装饰画或挂饰，家具和地面则可以以木色为主，
用明度上的对比制造明快的感觉，彰显宽敞的视觉感。

常见配色方式一览表

华丽风

棕红 + 暗棕 + 米色

棕红 + 暗棕 + 米黄

棕红 + 暗棕 + 暖色

棕红 + 暗棕 + 冷色

棕红色 + 白色

棕红 + 白色 + 米色

棕红 + 白色 + 近似色

棕红 + 暗棕 + 多彩色

棕红 + 白色 + 近似色

红色 + 棕色 + 米色

红色 + 棕色 + 金色

红 + 棕色 + 灰 + 米色

朴素风

棕色 + 米色 / 白色 + 红黄

棕色 + 米色 + 多彩色

棕色 + 白色 + 多彩色

棕色 + 米色 + 淡灰绿

棕色 + 白色 + 米色

棕色 + 白色 + 对比色

棕色 + 白色 + 米黄

棕色 + 白色 + 蓝色

棕色 + 白色 + 浅黄

棕色 + 白色

棕色系 + 白色 + 米黄

棕色 + 米色

棕色 + 白色

棕色 + 白色

棕色 + 白色
+ 红黄

棕色 + 白色
+ 多彩色

棕色 + 白色
+ 红黄

棕色 + 白色
+ 对比色

棕色 + 白色

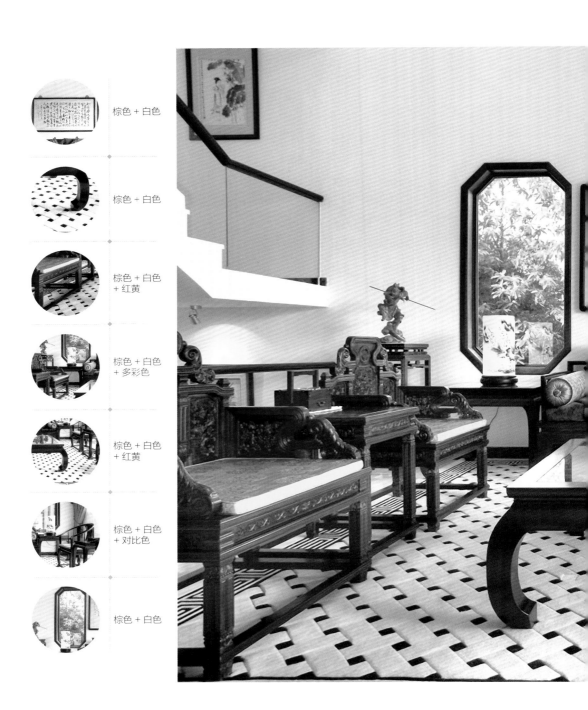

新中式风格

一、配色设计特点

新中式风格诞生于中国传统文化复兴的新时期，继承了传统家居中的经典元素，提炼并加以丰富，格调高雅，含蓄秀美，造型简朴优美。它并不是刻意地描述某种具象的场景或物件，而是讲求"神韵"的传达，这是与中式传统风格的最大区别。色彩设计分为两种类型：一种是将黑、白、灰组合运用做基调，搭配无色系或木色家具；一种是以黑、白、灰为基础，搭配一些皇家色。

①黑、白、灰组合

此种配色方式源自于苏州园林和京城民宅，具体操作方式是墙面部分以白色或浅灰色为主，黑色多做少量装饰，根据喜好，墙面上也可加入一些米色、米白色、棕色系等与白色组合，塑造层次感。家具以深棕色或黑色为框架或主体，搭配白色、米色等色彩，整体上很少使用比较艳丽的点缀色，具有素净感。

②黑、白、灰加皇家色

在黑、白、灰基础上以皇家住宅的红、黄、蓝、绿等作为局部色彩的配色方式是比较具有活泼感的。墙面上很少会大面积地使用彩色，更多的是以白色或灰色为主色，家具、布艺或饰品是彩色的呈现主体。

二、常用配色技巧

①色彩设计宜考虑整体感

新中式风格设计的主旨是"原汁原味"的表现以及自然和谐的搭配方式。在进行色彩设计时建议从空间整体角度进行全面性的考虑，忌讳零碎小部分的堆积。

②具有禅意的新中式气质的塑造方法

咖色虽然是暖色，但是却具有中性的感觉，尤其是用木材展现的时候这种感觉更强烈。所以选择用咖色的家具搭配白顶、灰色地面，墙面用咖色和白色穿插的时候，能够塑造出具有禅意且朴素的新中式气质，需要注意的是这种配色方式更适合面积较大的空间。

③居住者为年轻人可使用鲜嫩一些的色彩

对于年轻的居住者来说，可以多一些鲜嫩的色彩，与木色、白色、灰色等色彩组合来装扮新中式居室，洋溢出活泼、青春的感觉，更符合居住者的特征，可避免效果过于厚重、成熟。

④无色系为主的配色可用图案调节层次

采用无色系为主的配色方案时，很容易让新中式居室显得过于素净，可以选择一些带有典型中式图案的材料来调节层次，例如带有梅兰竹菊、水墨、回纹等图案的款式。

常见配色方式一览表

无色系组合

白色 + 灰色 + 黑色

白色 + 深棕色

白 + 深棕 + 蓝 / 绿

白色 + 灰色 + 深棕色

白色 + 黑色 + 深棕色

黑白灰 + 深棕

黑白灰 + 米黄色

白 / 灰 + 米色 + 深棕

灰色 + 米色 + 蓝色

白色 + 浅木色 + 米色

白色 + 浅木色 + 淡绿 / 蓝

**黑白灰
+彩色**

蓝/绿+黑白灰

蓝/绿+白灰+深棕

蓝/绿+白灰+深棕

蓝/绿+黑白+深棕

蓝/绿+白+米色+深棕

暖色+黑白灰+深棕

暖色+白灰/黑+深棕

单彩色+无色系+深棕

多彩色+无色系+深棕

近似色+白灰/黑+深棕

对比色+白灰/黑+深棕

多彩色+白灰/黑+深棕

白色 + 米色
+ 深棕

无色系组合

灰色 + 米色
+ 深棕

单彩色 + 无
色系 + 深棕

多彩色 + 无
色系 + 深棕

白色 + 米色
+ 深棕

近似色 + 白
灰 + 深棕

中式古典风格和新中式风格配色设计的异同

中式古典风格是在现代住宅中对传统中式建筑的复制，而新中式风格则是将传统设计精华与现代设计手法相融合的产物，两者的配色设计有一些显著的区别。

2 种配色方式的异同对比

1. 色彩 • • •

相同处 都会在配色时使用木色
不同处 中式古典风格的配色以木色为主，新中式使用木色较少

①深木色的运用比例不同：

中式古典风格	会较多地使用色调较深的木色，使用部位包括顶面、墙面、垭口和家具等。
新中式风格	深木色的使用频率大大降低，用在墙面时很少会大面积使用，多为线条或装饰。

②做主的色彩不同：

中式古典风格	以深木色搭配白色、米色或米黄色，皇家色彩主要是做点缀使用。
新中式风格	配色方式较多样，但整体来说均以无色系为主，彩色的使用面积可大可小。

2. 效果 • • •

相同处 都具有中式传统氛围
不同处 中式古典风格的配色更厚重、传统，新中式风格的配色更现代一些

中式古典风格	以深木色为主的配色方式，决定了中式古典风格的整体走向是传统而复古的，无论是宫廷风还是园林风，都是在厚重的基础上进行变化的。
新中式风格	以无色系为基础的配色方式，使新中式风格的基调是简洁而现代的，追求的是意境上的古典与现代的融合。

3. 色调 • • •

相同处 都会运用到深、暗色调

不同处 中式古典风格以木料为设计灵魂，所以居室中深、暗色调占据的比例较大；新中式风格除了深暗色调外，还会使用一些淡色、纯色、浊色等色调。

中式古典风格

暗木色顶角线

白色为主墙面

暗木色家具

深木色垭口

厚重效果家具

新中式风格

黑色线条

灰色图案壁纸

白色为主家具

简洁效果家具

纯色调装饰品

欧式古典风格

一、配色设计特点

欧式古典风格起源于文艺复兴时期，具有装饰华丽、色彩浓烈、造型精致的特点，适合面积大且举架高的户型，代表风格是巴洛克风格和洛可可风格，代表色彩是白、红、金和偏红的深木色。在实际设计中，很难完全复制国外的经典古典建筑，可以选择具有特点的配色和造型，搭配经典的欧式家具来实现风格的再现。

①配色设计以白色系或黄色系为基础

欧式古典风格的配色设计延续了文艺复兴时期的建筑特点，这一时期装饰风格的居室色彩主调为白色，所以欧式古典风格的家居经常以白色系或黄色系为基础，包括白色、象牙白、米白、淡黄、米黄等，塑造典雅的基调。

②色彩组合华丽、浓烈

欧式古典家居的配色具有华丽、浓烈的特点，总的来说可分为国内外两个派别，国内一般擅长运用金色和银色来表现风格的气派与复古韵味。而国外分为两个极端，或以白色、淡色为底色搭配红色或深色家具营造优雅高贵的氛围；或以华丽、浓烈的色彩配以精美的造型达到雍容华贵的装饰效果。

二、常用软装元素

① 金色宜选择高雅色调

金色是欧式古典风格中比较常见的一种色彩，很少单独地使用，主要用法是设计在家具的边框、雕花等部位，表现一种典雅的、高贵的奢华感，所以使用金色时需注意其色调的选择，浅金、暗金等都非常合适，而黄金色宜尽量避免。

② 浓色是表现华丽感的最佳色调

用来表现古典欧式的华丽感的色彩，除了金、银外，还有红、紫、紫红、绿、蓝等色彩，但在选择这些色彩时，需要注意色调的控制，并不是所有色调的色彩都能给人以华丽的印象，在纯色之上调入一些黑色的浓色调才具有华丽感，直白地说就是比纯色深一点的色调，过于艳丽的纯色则没有这种感觉。通常来说，这些色彩很少会大面积的使用，多用座椅的坐垫部分、地毯的部分纹理、窗帘或靠枕来呈现，使用面积无须过多，点缀组合即可。

常见配色方式一览表

红色系

棕红色 + 米白色

棕红色 + 米黄色

暗红 + 米灰 + 黑金

棕红 + 棕色 + 白

棕红 + 金色 + 灰色

暗红 + 棕红 + 米灰

棕色系

棕色 + 米色 + 白色

棕色 + 米黄 + 白

棕色 + 米灰色

棕色系组合

棕色 + 米黄 + 灰绿

棕色 + 米灰 + 米黄

**金色 /
银色**

金色 + 米色 + 暗红色

金 / 银 + 米色 + 棕色系

金 / 银 + 米 / 米白
+ 棕色系

金 / 银 + 米白 / 黄 + 棕色系

金 / 银 + 棕色系 + 浓彩色

金 / 银 + 白色 + 棕色系

浓烈色

暗红 + 浓蓝 + 白色

浓蓝 + 棕色系 + 白色

浓蓝 + 棕色系 + 米黄

蓝色系 + 棕色系 + 米灰

紫红 + 粉 + 白

多彩色 + 棕红色 + 白色

棕色 + 米色
+ 白色

金色 + 白色
+ 棕色

金色 + 棕色
+ 浓彩色

金色 + 棕色
+ 浓彩色

金色 + 米黄
+ 棕色系

金色 + 米色
+ 棕色系

白色 + 金色
+ 棕色系

新欧式风格

一、配色设计特点

新欧式风格兼容了传统欧式的典雅感与现代风格的时尚感，是一种多元化的风格。在设计中，保留了欧式古典风格选材以及配色设计的大致走向，同时又摒弃了古典主义复杂的肌理和装饰，简化了线条。高雅而和谐是新欧式风格配色设计的主要特征，常用的色彩有白色、金银、暗红等。

①以无色系为主的搭配

无色系的新欧式色彩组合，是非常具有时尚感的一种配色方式。通常是以白色或浅灰色为主，用作背景色及家具上，黑色多用在小型家具、地面或布艺上，金色和银色则多用在灯具和饰品上。

②以白色为主的搭配

以白色为主的新欧式配色方式，非常具有清新感，通常是将白色大面积使用，而后组合蓝色、绿色或紫色等色彩。

③以暗红色系为主的搭配

以金色、暗红或棕红色为主的新欧式配色方式具有华丽感，使用时会少量地糅合白色或黑色，最接近欧式古典风格。通常会加入一些绿色植物、彩色装饰画或者金色、银色的小饰品来调节氛围。

二、常用配色技巧

①可根据家具的色彩进行整体配色设计

新欧式风格的家具是非常具有特点和代表性的，在进行居室的配色设计时，如果对先选择背景色的设计方式没有十足的信心，可以先选择合适款式的家具，而后以家具的色彩为配色基准，根据想要塑造的氛围进行背景色和饰品的色彩选择，这样不容易造成层次的混乱，且很容易塑造出具有整体感的效果。

②布艺多为低彩度类型

新欧式风格中的布艺是非常具有特点的一种软装，包括窗帘、桌巾、灯罩等，在进行此类装饰的色彩选择时，宜以低彩度的色调为主，基本不使用纯色调，而是以浅色、浓色、深色或带有灰调的浊色为主，材质以棉织品和纱、丝为主。

③木色不再大量用在墙面上

在欧式古典风格的家居中，墙面上经常会比较多地使用木色材料，如饰面板、实木板、护墙板等，而在新欧式风格中这点有所改变，很少会大量地使用木色，而更多的是使用白色的木料搭配带有欧式典型纹理的壁纸，木色更多地会用在地面和部分家具上。

常见配色方式一览表

清新色

白色 + 灰色 + 蓝 / 绿

白色 + 银色 + 蓝 / 绿

无色系 + 紫色

白色 + 灰色 + 紫色

白色 + 米黄 + 紫色

白色 + 米黄 + 蓝 / 绿

无色系 + 蓝 / 绿

无色系 + 蓝 / 绿 + 米色

无色系 + 蓝 / 绿 + 棕色

无色系 + 蓝色 + 紫色

蓝色 + 白 + 金 / 银

白 + 蓝 / 绿 + 暗红

时尚色

黑色 + 白色 + 灰色

黑白灰 + 金 / 银

黑 / 灰白 + 金 / 银

无色系组合

白 + 米色 / 米黄 + 金 / 银

黑白灰 + 淡彩色

华丽色

暗红 + 白黑 / 灰 + 金 / 银

暗红 + 米黄 + 黑 / 深棕

暗红 + 白 + 深棕

棕红 + 米黄 + 金

暗红 + 无色系

金色 + 棕色 + 单彩色

无色系组合

无色系组合

白色 + 米黄
+ 银色

无色系组合

无色系组合

黑白灰 + 金
色

无色系组合

欧式古典风格和新欧式风格配色设计的异同

欧式古典风格和新欧式风格，前者属于基础，后者属于在基础上简化后做出的变化，所以配色设计上有一些相同之处，也有一些明显的区别。

2 种配色方式的异同对比

1. 色彩 • • •

相同处 主要色彩中都包含白色、金色和红色

不同处 对比来说，欧式古典风格的配色限制较大，新欧式风格则更多元化

①白色的运用比例不同：

欧式古典风格	白色主要使用位置为顶面和部分墙面，很少会使用在家具和饰品上。
新欧式风格	白色使用面积较大，除了顶面和墙面，有时还会同时用在地面、家具和饰品上。

②做主的色相不同：

欧式古典风格	通常是以米色、米黄色搭配偏红一些的深木色为主，辅助色为金色或红色。
新欧式风格	色相组合方式较多，除了延续了欧式古典配色方式外，还加入了无色系组合和以蓝色为主的配色。

2. 效果 • • •

相同处 都有效果华丽的配色组合方式

不同处 欧式古典以华丽效果为主，而新欧式则加入了现代和清新两种效果

欧式古典风格	或用红色系或用金色和银色来塑造华丽感，基本不脱离这两种类型。
新欧式风格	有延续了古典效果的类型，但华丽感有所减弱，除此之外，还加入了追求时尚感和追求清新感的配色方式。

3. 色调 ● ● ●

相同处 都会使用浓色调

不同处 欧式古典风格所使用的彩色浓色调最为常见，以展现华丽氛围；新欧式风格所使用的彩色不仅限于浓色调，淡色、浊色、深色等也比较多见。

欧式古典风格

白色为主顶面

华丽效果墙面

米黄色为主壁纸

深木色垭口

浓色调地面

新欧式风格

白色为主顶面

清新效果墙面

白色为主家具

无色系家具

淡浊色调地面

1. 了解法式风格配色设计的特点和常用配色技巧。
2. 了解欧式田园风格配色设计的特点和常用配色技巧。
3. 了解美式乡村风格配色设计的特点和常用配色技巧。
4. 了解东南亚风格配色设计的特点和常用配色技巧。
5. 了解地中海风格配色设计的特点和常用配色技巧。
6. 掌握配色相似的风格之间色彩设计的具体差异。

法式风格

一、配色设计特点

法式风格可以分为法式宫廷风和现代法式两个常用类型，其中法式宫廷风格多使用大地色、金色、银色、白色等色彩；现代法式色彩的选择较多样，紫色、粉色、蓝色、白色、灰色等均非常常见。

①宫廷风追求尊贵、华丽

由于建筑特点和面积的限制，在现代的住宅中很难完全复制法式宫廷风，所以通常是用比较简洁的建筑结构搭配具有宫廷特点的家具来再现该风格。而在配色设计方面，则完全采用宫廷风的组合方式，常用柔和淡雅的背景色例如白色、象牙白、米黄等，搭配白、金、黑、蓝、紫等或深色的木色为主调的华丽配色家具，整体给人浪漫、尊贵且华丽的感觉。

②现代法式追求简洁、浪漫、清新

现代法式风格去掉了宫廷风格中过于繁复的部分，以优雅浪漫、简约舒适、高贵典雅为设计诉求。配色设计上减少了金色和深色木质的使用频率，更多地使用具有清新感的白色、蓝色、绿色等作为主色，而后搭配如紫色、粉色、灰色等简洁而浪漫的色彩，家居中并不使用艳丽色调的色彩，而是以非常舒适的低饱和色彩为主，给人舒适、平和的感觉。

二、常用配色技巧

① 拒绝浓烈的色彩

无论是哪一种法式风格，均具有浪漫
而精致的感觉，所以在进行法式风格的配色
设计时，不宜使用过于浓烈的色彩，用色拒
绝矫揉造作，偏爱清淡色彩，整个室内的基
调应以素雅清幽为主。而后，宫廷风的家居
中可根据需要适量使用一些装饰色彩，如金、
银、紫、红等，夹杂在素雅的基调中温和地跳动，渲染出一种柔和、高雅且尊贵的气质。

② 壁纸可选蓝、粉或白色

合理地使用一些壁纸材料可以让法式家居感性的特点更突出，需注意的是在选择壁纸时，也
要秉承奢华的设计理念，建议选择以白色、粉色、蓝色为主的款式。花色上除了最古典的藤蔓图案，
以大丽花、雏菊、罂粟、郁金香等大面积花朵为主要设计元素的壁纸也可使用。

③ 金色、银色是塑造华丽感的主要因素

宫廷风格的居室需要有一些华丽感，它的主要来源就是金色和银色的使用，可以挑选一些带
有镀金、镀银边框的家具或者此类色彩的饰品加入到家居中，数量无须过多但做工须精致。

常见配色方式一览表

白 + 银 / 金 + 蓝 + 红

白黑 + 银 / 金 + 深木色

白黑 + 银 / 金

无色系 + 粉色

无色系 + 蓝色

蓝白 + 银 / 金 + 深木色

宫廷风

蓝白 + 银 / 金 + 米黄

蓝色 + 米色 + 深木色

白 + 银 / 金 + 木色系

白 + 紫 + 银 / 金

米黄 + 紫 + 蓝

白色 + 多色组合

现代风

无色系＋浓色

无色系＋深木色

白＋蓝＋银／金

白＋紫＋蓝＋银／金

白＋蓝＋银／金

白＋蓝＋深木色

黑白＋金银＋棕

白色＋银／金色

白＋金银＋对比色

粉＋米黄＋白

蓝＋黑白＋多彩色

黑＋白＋多彩色

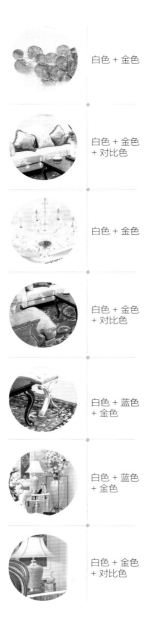

白色 + 金色

白色 + 金色
+ 对比色

白色 + 金色

白色 + 金色
+ 对比色

白色 + 蓝色
+ 金色

白色 + 蓝色
+ 金色

白色 + 金色
+ 对比色

欧式田园风格

一、配色设计特点

欧式田园风格，可以分为英式田园和法式田园两大类。英式田园善于使用华美的布艺以及纯手工的木质制作家具，框架色彩多以奶白色、象牙白或实木色为主配以典型布艺；法式田园的最大特点是带有灰调的洗白色家具及大胆的配色方式。

①绿色为主具有生命力

绿色是典型的田园色，也是欧式田园风格家居中使用频率最高的一种色彩。田园家居中所使用的绿色以柔和的色调为主，基本不适用浓艳的色调，常用的包括浅绿、草绿、黄绿、浅灰绿等，可组合的色彩较多，例如红色、黄色、粉色、紫色、米色等。若想让绿色的色彩特点再显著一些，可以将其与白色组合后，再搭配其他色彩。

②大地色为主具有亲切感

大地色是接近泥土的颜色，所以以大地色为主的田园居室具有亲切感。大地色的使用有两种方式，一种是将其用在顶面或地面上，作为部分背景色使用，而后主角色搭配绿色或一些鲜嫩的色彩；一种是将其用在家具和地面上，作为主要色彩使用，搭配蓝色、绿色、粉色等组合使用。

二、常用软装元素

①墙面宜以浅色为主

欧式田园风格，设计上讲求心灵的自然回归感，给人一种扑面而来的浓郁气息。总体来说，家居墙面多以浅色为主，不宜太鲜艳，米色、淡浅黄、浅灰绿、淡紫色甚至是浅灰色都可以，而后搭配具有特点的家具即可。

②选择经典图案呈现色彩田园味更浓郁

碎花、条纹和苏格兰格纹是田园风格的代表性图案，在进行田园风格居室配色设计时，如果不能准确地定位配色组合方式，可以选择配色具有自然感且带有此类图案的材料装饰空间，例如碎花布艺沙发、格纹壁纸等，再搭配原木色系的地面，就可以塑造出浓郁的田园基调。

③原木色的色调很重要

田园风格中原木色的材料使用的频率会高一些，在选择裸露木本色的材料时，需注意其色调，具有艳丽感的棕红色、红色或艳黄色系的木质材料尽量不要使用，而比较低调或带有灰色调的棕色、茶色、浅褐色等木质材料是比较合适的选择。

常见配色方式一览表

绿 + 白 + 大地色组合

绿 + 白 + 大地色

绿 + 米黄 + 大地色

绿色系

绿 + 白 + 大地色 + 红

绿 + 白 + 粉

绿 + 米黄 + 淡灰

绿 + 淡灰 + 金色

绿 + 米白 + 蓝

绿 + 红 + 米黄

绿 + 白 + 黄 + 红

绿 + 大地色 + 蓝 + 红

绿 + 大地色 + 多色

大地色系＋白色

大地色＋白＋绿

大地色＋淡灰＋蓝

大地色＋米黄

大地色＋白＋黄

大地色＋蓝＋绿

大地色

大地色＋白＋蓝

大地色＋蓝＋粉＋白

大地色＋蓝＋米黄

大地色＋白＋淡灰

大地色＋白＋粉

大地色＋白＋银＋绿

大地色系 + 白色

绿色 + 白色 + 大地色

绿色 + 白色 + 大地色

绿 + 白 + 大地色 + 红

绿 + 白 + 大地色 + 红

绿 + 白 + 大地色组合

绿色 + 白色 + 大地色

美式乡村风格

一、配色设计特点

美式乡村风格摒弃了烦琐和奢华，以舒适机能为导向，突出生活的舒适和自由。常大量地运用天然木、石、藤、竹、棉麻等材质，这种材料组合方式也使自然、怀旧、散发着浓郁泥土芬芳的配色设计成为了美式乡村风格的典型特征。

①**质朴的大地色系**

大地色系也就是泥土的颜色，代表性的色彩有棕色、褐土黄、旧白色以及米黄色等。大地色可分为两种感觉：一种体现的是沉稳大气的，具有复古感和厚重感，此种配色以深色调大地色系为主；一种体现的是清爽素雅的感觉，反映出一种质朴而实用的生活态度，以浅色调大地色为主。

②**动感的比邻配色**

比邻配色源自于美国国旗的颜色，是很有动感的一种配色方式。具体设计方式是将深红、深蓝和白色组合在一起的配色方式，深蓝色偶尔也会用浅蓝色或蓝灰色来代替。

比邻配色呈现方式有两种，最多的是用软装来呈现，其中最著名的是美式比邻家具；少部分是将比邻配色用在墙面上，通过壁纸来呈现，例如红白蓝条纹壁纸。为了彰显出乡村韵味，比邻组合通常还会搭配黄色、绿色或大地色。

二、常用配色技巧

①不使用过于鲜艳的色彩

阅览众多案例时我们可以发现，在美式乡村风格的家居中没有特别鲜艳的色彩，所以在进行此种风格的配色设计时，尽量不要加入此类色彩，虽然有时会使用红色或绿色，但明度都与大地色系接近，寻求的是一种平稳中具有变化的感觉，鲜艳的色彩会破坏这种感觉。

②用纹理调节层次感

当使用较多的大地色系来塑造乡村风格时，如果全部使用平面色彩很容易显得单调、沉闷，就可以加入一些带有纹理的布艺来调节，例如沙发罩、靠枕或地毯等。所有材料中，棉麻的天然质感与美式风格最为协调，可以选择各种繁复的花卉植物也可是鲜活的鸟虫鱼图案，与代表色彩融合后，即可丰富配色的层次感。

③比邻配色应有主次

若选择比邻的配色方式来设计美式乡村风格，三种颜色在分配时，建议选择一种作为主色，另外两色辅助或点缀，如果全部均衡地使用会层次不清而容易让人感觉混乱。

常见配色方式一览表

大地色

棕色 + 白色

棕色系 + 白色

棕色 + 土黄 + 米黄

棕色 + 土黄 + 米灰色

棕色 + 米色 + 灰色

红棕色 + 米色

棕色 + 绿色

棕色 + 白 / 米 + 对比色

棕色系 + 蓝色

棕色 + 米灰 + 红色

棕色 + 旧白

棕色 + 浅灰

红 + 蓝 + 白

白 + 蓝 + 红

白 + 蓝 + 红 + 黑

红白蓝 + 棕色

红白蓝 + 米黄

蓝色系 + 红色

比邻色

蓝 + 黄 + 棕色

蓝色系 + 白 + 红

红 + 绿 + 棕色

红白黑 + 棕色

蓝灰 + 白 + 米色

红 + 白 + 绿

棕色 + 土黄 + 白色

棕色 + 米灰 + 红色

棕色 + 米灰 + 红色

棕色 + 土黄 + 米灰

棕色 + 米色 + 对比色

棕色 + 土黄 + 米浅灰

棕色 + 浅灰

欧式田园风格和美式乡村风格配色设计的异同

美式乡村风格属于美式田园风格，也是田园风格的一种，所以和欧式田园风格的配色设计上有很多类似的地方，掌握它们的区别有利于更准确地进行配色设计。

2 种配色方式的异同对比

1. 大地色系 •••

相同处 都有使用大地色系的配色方式
不同处 美式乡村风格可使用偏红的大地色，欧式田园风格则基本不使用

①大地色色调的不同：

欧式田园风格	大地色多用在地面或家具上，很少使用浓色，多为灰调浅色或深暗色调的色彩。
美式乡村风格	以大地色为主的类型，大地色使用面积较大且色彩以浓色和深色为主，浅色调多做配色。

②组合色彩不同：

欧式田园风格	以大地色为主的配色方式组合的彩色较少，较为常用的为蓝色、红色和绿色。
美式乡村风格	多使用大地色为主的配色方式组合。

2. 绿色 •••

相同处 都会使用绿色系
不同处 欧式田园风格使用绿色较多，美式乡村风格较少使用绿色

欧式田园风格	绿色经常作为主色使用，用在墙面、地面、家具等部位，搭配大地色、粉色等。
美式乡村风格	绿色使用较少，多作为配色使用，基本不会用在墙面，常用布艺、植物呈现，主要组合色彩为大地色系。

3. 色调 • • •

相同处 色调都比较平和，饱和度较低。

不同处 欧式田园风格多采用浅色调和浊色调，而美式乡村风格则多使用浓色调和深暗色调，前者柔和，后者厚重。

欧式田园风格

粉绿组合

绿色为主家具

微浊色调布艺
深色调大地色家具

大地色地面

美式乡村风格

红蓝组合布艺

深色调墙面

绿色植物

深色调大地色家具

大地色地面

东南亚风格

一、配色设计特点

东南亚风格原始自然、色泽鲜艳、崇尚手工。家居基调多为实木色或白色、米色，局部点缀艳丽的色彩，自然又不失热情华丽。但若追求个性和华丽感，也可用炫色作为主色使用。

①取材自然所以材料本色最常用

取材自然是东南亚风格的最大特点，比如水草、木皮、藤以及原木等，所以家居中原木色色调或褐色等深色系最为常见，或部分装点在墙面上，或用在造型朴拙的家具或饰品上，是东南亚家居中不可缺少的一种色彩。

②搭配无色系具有禅意

东南亚地区的国家都信仰佛教，这点也反映在家居设计中，以无色系的白色或浅灰色做顶面及墙面主色，而后搭配一些实木原色或者少量黑色、金色的家具，就可以表现出具有禅意的氛围。

③搭配绚丽彩色斑斓高贵

在东南亚家居中最抢眼的装饰莫过于绚丽的织物，由于地处热带，气候闷热潮湿，为了避免空间的沉闷压抑，因此在进行家居装饰时当深色使用较多时，多用夸张艳丽的小面积色彩冲破视觉的沉闷，这点也是东南亚风格区别于其他风格的一个显著特点。

二、常用配色技巧

①实木原色是风格灵魂

在进行东南亚风格家居的配色设计时，实木原色基本是不可缺少的，它是风格的灵魂色彩，呈现方式可以是实木也可以是藤、草，甚至是椰壳。使用量的多少可以根据居室面积来决定，小面积居室可仅用软装来呈现，若为别墅等超大户型，可用墙面造型和软装同时呈现。

②炫色的最佳呈现方式为泰丝

色彩斑斓的点缀色是东南亚风格中独有的，配色方式主要有两种形式，一是单独一种色相或近似色组合，一是多种色相组合。这些色彩最正宗的展示媒介是泰丝，南亚风情标志性的炫色系列本质上多为深色，但在光线的照射下会变色，沉稳中透着点贵气。当然，如果不喜欢这种质感，也可以选择亚光感的材质搭配高饱和度的色彩来表现，例如高纯度色彩的绒布、棉布。

③跳色搭配也有简单的原则

在点缀色的选用上和搭配上也有些很简单的原则，深色的家具适宜搭配色彩鲜艳的装饰，例如大红、嫩黄、彩蓝；而浅色的家具则应该选择浅色或者对比色，如米色可以搭配白色或者黑色，一种是跳跃，一种是温馨，但搭配的效果同样出众。

常见配色方式一览表

实木色

实木色 + 灰白

实木色 + 米黄

实木色 + 米灰

实木色 + 白

实木色 + 单暖色

实木色 + 暖色组合

实木色 + 单冷色

实木色 + 冷色组合

实木色 + 绿色

实木色 + 紫色

实木色 + 对比色

实木色 + 多色

无色系

白 + 暗金 + 实木色　　　白 + 金色系 + 实木色　　　淡灰 + 米白

黑、白 + 米色 + 实木色　　　黑 + 米色 + 实木色　　　淡灰、白 + 实木色

炫色系

炫紫为主　　　彩蓝为主　　　浓红为主

浓红 + 炫紫　　　浓红 + 彩绿　　　彩色渐变组合

实木色

实木色 + 米黄色

实木色 + 米黄色

实木色组合

实木色 + 米白色

实木色 + 单暖色

实木色 + 单暖色

实木色 + 米黄色

地中海风格

一、配色设计特点

地中海风格给人自由奔放的感觉，色彩丰富、明亮，配色大胆、造型简单，具有明显的民族性。进行地中海风格的配色设计不需要太多的技巧，只要遵循海洋沿岸取材自然的特点，配以大胆而自由的色彩即可。总的来说，地中海风格的配色可以分三种形式：蓝与白，黄、蓝紫和绿以及土黄和红褐色。

①蓝与白

蓝白组合是最为常见的一种地中海配色方式，设计灵感源自于西班牙、摩洛哥和希腊沿岸，这些地区的白色村庄与沙滩、碧海和蓝天连成一片，甚至门框、窗户、椅面都是蓝与白的配色，将蓝与白不同程度的对比与组合发挥到极致，给人清澈无瑕的感觉。

②黄、绿和蓝紫

这些色彩元素主要源自于南意大利的向日葵和南法的薰衣草花田，其中黄色、绿色在实际运用中多与蓝色组合，而蓝紫色多组合白色，形成一种别有情调的氛围，具有自然的美感。

③土黄和红褐

这种配色源自于北非沿岸特有的沙漠、岩石、泥、沙等天然景观颜色，可以将它们统称为大地色，烘托的是一种浩瀚、淳朴的感觉。

二、常用配色技巧

① 本色呈现自然色彩

地中海沿岸的色彩非常丰富，并且光照足，所有颜色的饱和度也很高，色彩都非常绚烂。所以在进行地中海风格家居的配色设计时，基本的原则就是：无须造作，本色呈现。

② 本色布艺调节层次

取材自然是地中海风格的一大特点，家居中使用的布艺多为棉麻材质。当墙面或家具使用了饱和度比较高的色彩后，可以选择本色的棉麻材料来调节整体配色的层次，以增加舒适感。

③ 蓝白组合感觉冷清可加入米色做调节

蓝白组合的配色设计方式非常适合小户型，具有清新、整洁的韵味，能够彰显宽敞感。但当空间面积较大时，仅使用蓝白组合会显得有些冷清，可以加入一些米色来做调节，它可以缓和白色过于直白的感觉，可以在不改变清新韵味的情况下，增添一些柔和感。

④ 黄色宜选择饱和度高但不刺目的色调

地中海家居中所使用的黄色，通常是用作墙面背景色的，表现的是一种汇集了大片向日葵般欢快的感觉，但在使用中需注意，宜选择饱和度高但不刺激的色调，尽量避免使用纯黄色。

常见配色方式一览表

蓝 + 白

蓝色 + 白色

蓝色组合 + 白色

蓝白 + 米黄

蓝白 + 大地色

蓝白 + 米色

蓝白 + 黄色

蓝白 + 黄 + 大地色

蓝白 + 红色

蓝白 + 绿色

蓝白 + 黄 + 绿

蓝白 + 浅灰

蓝白 + 多色

蓝紫色

蓝紫 + 淡紫色

蓝紫 + 白 + 蓝

蓝紫 + 白色

大地色

大地色 + 蓝色组合

大地色组合 + 白色

大地色 + 绿色

大地色 + 米色

大地色 + 米 + 蓝

大地色 + 黄色

大地色 + 米黄

大地色 + 绿色

大地色 + 多色

蓝色组合
+ 白色

蓝白 + 米黄

蓝白 + 米黄

蓝色 + 白色

蓝白 + 红色

蓝色 + 白色

蓝白 + 红色